第8版

会声会影2019
从入门到精通

龙飞 编著

清华大学出版社
北京

U0341374

内 容 简 介

本书是市场上畅销会声会影图书的第8次升级与完善，更是一位视频剪辑师20多年的实战经验总结，帮助读者通过218个技能实例演练，快速从初学到精通软件，从菜鸟成为视频编辑达人。

本书的细节特色是：1610多张图片全程图解＋1100款超值素材赠送＋330多分钟视频演示＋218个技能实例演练＋88个专家提醒放送＋5大篇幅内容安排＋4大专题实战精通，帮助读者完成视频的编辑与剪辑。

全书分为5篇：新手入门篇、视频剪辑篇、精彩特效篇、后期处理篇和专题实战篇。具体内容包括：会声会影2019快速入门、会声会影2019基本操作、下载与应用视频模板、捕获与添加媒体素材、编辑与调整媒体素材、剪辑与精修视频素材、制作视频滤镜特效、制作视频转场特效、制作视频画中画特效、制作视频字幕特效、制作视频音乐特效、渲染输出视频文件、分享视频至新媒体平台、抖音视频——《延时摄影》、电商视频——《手机摄影》、旅游记录——《欧洲之行》、老年相册——《快乐时光》等内容。读者学习后可以融会贯通、举一反三，制作出更多更加精彩、漂亮的视频效果。

本书结构清晰、语言简洁，适合于会声会影的初、中级读者阅读，包括广大DV爱好者、数码工作者、影像工作者、数码家庭用户以及视频编辑处理人员，同时也可作为各类计算机培训中心、中职中专、高职高专等院校及相关专业的辅导教材(随书附赠PPT教学课件)。

图书在版编目(CIP)数据

会声会影2019从入门到精通 / 龙飞 编著.—8版.—北京：清华大学出版社，2020.2（2022.1重印）
ISBN 978-7-302-54919-2

Ⅰ.①会… Ⅱ.①龙… Ⅲ.①视频编辑软件 Ⅳ.①TN94

中国版本图书馆CIP数据核字(2020)第025322号

责任编辑：李　磊　焦昭君
封面设计：王　晨
版式设计：思创景点
责任校对：成凤进
责任印制：丛怀宇

出版发行：清华大学出版社
　　　　　网　　址：http://www.tup.com.cn，http://www.wqbook.com
　　　　　地　　址：北京清华大学学研大厦A座　　　　　邮　编：100084
　　　　　社 总 机：010-62770175　　　　　　　　　　邮　购：010-62786544
　　　　　投稿与读者服务：010-62776969，c-service@tup.tsinghua.edu.cn
　　　　　质 量 反 馈：010-62772015，zhiliang@tup.tsinghua.edu.cn
印 装 者：三河市铭诚印务有限公司
经　　销：全国新华书店
开　　本：185mm×260mm　　　印　张：25.25　　　字　数：695千字
版　　次：2013年1月第1版　　2020年4月第8版　　印　次：2022年1月第2次印刷
定　　价：79.00元

产品编号：084546-01

TYUT小崔｜中国延时摄影师联盟成员、CCTV新闻频道合作延时摄影师、8KRAW摄影师、光纪元联合创始人、航拍师、《高手之路：延时摄影与短视频制作从入门到精通》图书作者

作者以多年的视频剪辑经验和理论积累编写了这本书，内容深入浅出，言简意赅，帮助会声会影新手从零开始逐步精通软件的各项操作，制作精彩的视频作品。

毛亚东｜8KRAW签约摄影师、视觉中国摄影师、《星空摄影与后期从入门到精通》图书作者

本书内容全面、案例经典、实用性很强，作者经验丰富、专业，通过200多个实例辅助讲解软件，读者可以一边学习一边实践，快速掌握软件的核心技能和操作技巧。

唐及科得｜索尼合作摄影师、8KRAW签约摄影师、2018年海峡两岸无人机航拍大赛金奖得主、《飞手是怎样炼成的》图书作者

对于爱好视频剪辑的新手来说，这本书绝对能助您收获良多。作者从专业的角度，将多年的经验整理成书分享给大家。本书有专业的知识体系，精选了上百个经典案例，深入浅出地引领您从入门到精通。

王　诚｜抖音网红星空摄影师、星空秘境旅行家、无人机航拍师、《高手之路：星空摄影与延时短视频从入门到精通》图书作者

本书通俗易懂，层层递进，逐步讲解，是一本实用性很强的视频后期剪辑教程书籍。大家在实践操作的过程中有不懂的地方还可以通过观看视频演示来学习。

王肖一｜8KRAW签约摄影师、抖音百万粉丝的网红摄影师、《无人机摄影与摄像技巧大全》图书作者

这是一本会声会影专用指南，作者经验丰富，挑选的案例实用性都很强，对软件的功能、选项、按钮、工具等方面都进行了详细的讲解，帮助读者快速从新手步入高手行列，大家可以认真、仔细地学习本书内容。

1．软件简介

会声会影2019是Corel公司推出的专为个人及家庭设计的影片剪辑软件，功能强大、方便易用。无论是入门级新手，还是高级用户，均可以通过捕获、剪辑、转场、特效、覆叠、字幕、刻录等功能，进行快速操作、专业剪辑，完美地输出影片。随着其功能的日益完善，在数码领域、相册制作以及商业领域的应用越来越广，深受广大数码摄影者、视频编辑者的青睐。

2．本书的主要特色

更全面的内容：5大篇幅内容安排＋17章软件技术精解＋88个专家提醒放送＋1610多张图片全程图解。

更丰富的案例：4大专题实战精通＋40个进阶操作技巧＋178个基础实例演练＋330多分钟视频播放＋640多个素材效果展示。

更超值的赠送：45个会声会影问题解答＋80款片头片尾视频模板＋110款儿童相册模板＋120款标题字幕特效＋210款婚纱影像模板＋230款视频边框模板＋350款画面遮罩图像。

更完备的功能：书中详细讲解了会声会影2019的工具、功能、命令、菜单、选项，做到完全解析、完全自学，读者可以即查即用。

3．本书的细节特色

◆ 5大篇幅内容安排

本书结构清晰，共分为5大篇：新手入门篇、视频剪辑篇、精彩特效篇、后期处理篇和专题实战篇，帮助读者循序渐进，稳扎稳打，掌握软件的核心与各种视频剪辑的高效技巧，通过大量实战精通演练，提高水平，学有所成。

◆ 4大专题实战精通

本书从抖音视频、电商视频、旅游记录、老年相册4个方面，精心挑选素材并制作了4个大型影像案例：《延时摄影》《手机摄影》《欧洲之行》和《快乐时光》，帮助读者掌握会声会影2019的精髓内容。

◆ 40个进阶操作技巧

本书精选了40个简单的抖音热门短视频制作的进阶操作技巧，书中带有★进阶★的章节为进阶内容，简单易学，适合学有余力的读者深入钻研，用户只要熟练掌握基本的操作，开拓思维，就可以在现有的实操基础上有一定的进阶。

◆ 88个专家提醒放送

作者在编写时，总结平常工作中的会声会影实战精通技巧和设计经验，共88个，毫无保留地奉献给读者，不仅大大提高了本书的含金量，更方便读者提升实战技巧与经验，从而提高学习与工作的效率，学以致用。

◆ 178个基础实例演练

本书通过大量的基础技能实例来辅助讲解软件，共计178个，帮助读者在实战精通演练中逐步掌握软件的核心技能与操作技巧。与同类书相比，通过学习本书读者更能快速掌握会声会影软件的大量实用技能，帮助读者从新手快速进入设计高手的行列。

◆ 330多分钟视频演示

书中的218个技能实例的操作，以及最后4大专题案例全部录制了带语音讲解的演示视频，时间长度达335分钟，重现书中所有技能实例的操作。读者可以结合图书，也可以独立观看视频演示学习软件。

◆ 1610多张图片全程图解

本书采用了1610多张图片，对软件的技术、实例的讲解、效果的展示进行了全程式的图解，通过这些大量清晰的图片，让实例的内容变得更加通俗易懂。读者可以一目了然，快速领会，举一反三，制作出更加精美漂亮的效果。

◆ 1740款超值素材赠送

本书不仅赠送了640个素材效果文件，还有80款片头片尾视频模板、110款儿童相册模板、120款标题字幕特效、210款婚纱影像模板、230款视频边框模板、350款视频画面遮罩图像等素材，用户在制作视频时可以灵活运用。

4．作者售后

本书由龙飞编著，参与本书编写的人员还有刘华敏、柏松、刘嫔、苏高、刘胜璋、刘向东、刘松昇、刘伟、卢博、周旭阳、袁淑敏、谭中阳、杨端阳、李四华、王力建、柏承能、刘桂花、柏松、谭俊杰、徐茜、柏慧等人。由于作者知识水平所限，书中难免有疏漏和不足之处，恳请广大读者批评指正，欢迎与我们交流、沟通。作者微信号：157075539，摄影学习号：goutudaquan，视频学习号：flhshy1。

5．特别提醒

本书采用会声会影2019软件编写，请用户一定要使用同版本软件。直接打开配套资源中的效果文件时，会弹出重新链接素材的提示，如音频、视频、图像素材，甚至提示丢失信息等，这是因为每个用户安装的会声会影2019及素材与效果文件的路径不一致，发生了改变，这属于正常现象。用户只需要将这些素材重新链接素材文件夹中的相应文件，即可链接成功。用户也可以将配套资源复制到计算机中，需要某个VSP文件时，第一次链接成功后，就将文件进行保存，后面打开就不需要再重新链接了。

当用户打开项目，重新链接素材出现格式错误时，请一定要根据提示信息选择原来的素材图片，格式也一定要与原来相符，文件一定要保存至计算机除C盘外的硬盘中，在解压后的文件上单击鼠标右键，在弹出的快捷菜单中选择"属性"命令，弹出相应对话框，取消选中"只读"复选框，以防链接项目素材时操作错误失败。

6．配套资源

本书提供了丰富的配套资源，以帮助用户更好地学习会声会影2019的相关知识，具体内容如下。

视频　　　　　　　　素材　　　　　　　　效果

课件　　　　　　　　赠送　　　　　　　　字体

编　者

配套资源二维码下载说明

本书提供了丰富的配套资源，如本书实例涉及的素材、效果、字体和视频教学，以及赠送的资料、本书PPT课件等，下载操作如下。

首先用户可以打开手机微信"扫一扫"功能，扫描本书前言结尾处相应的资源二维码（例如："字体"二维码），随即进入"文泉云盘--图书二维码资源管理"页面，如图1所示。这里需要注意的是，该页面仅供用户下载，是不能直接打开资源文档的，此时用户可以选择两种方式进行下载。

第一种，将资源下载至手机内(安卓手机)。点击"下载资源"选项，弹出信息提示框，提示用户点击右上角，在浏览器中下载，如图2所示；然后点击右上角按钮，弹出相应面板，在其中点击"在浏览器打开"图标按钮，如图3所示；稍等片刻，即可在相应浏览器中打开"文泉云盘--图书二维码资源管理"页面，再次点击"下载资源"选项，弹出"文件下载"对话框，点击"普通下载"选项，如图4所示，即可将资源下载至手机中，解压后即可使用。

图1　　　　　　　图2　　　　　　　图3　　　　　　　图4

这里建议用户将资源下载至手机后，通过数据线连接计算机，将下载的资源复制到计算机中解压应用。

第二种，在PC端（计算机）下载。单击"推送到我的邮箱"选项，会弹出"发送资源到邮箱"对话框，在文本框中输入邮箱后，单击"发送"按钮，如图5所示；即可将资源链接发送到邮箱中，用户在浏览器登录注册的邮箱，在收件箱中单击资源链接，如图6所示；弹出"新建下载任务"对话框，设置"文件名"和保存位置后，单击"下载"按钮，如图7所示，下载保存至计算机中，解压后即可使用。

图5　　　　　　　　　图6　　　　　　　　　图7

目 录

◆ 新手入门篇 ◆

第3章 下载与应用视频模板 43

◆ 视频剪辑篇 ◆

第4章 捕获与添加媒体素材 66

第5章 编辑与调整媒体素材 81

第8章 制作视频转场特效　164

第9章　制作视频画中画特效

200

第10章 制作视频字幕特效 239

◆ 后期处理篇 ◆

第11章　制作视频音乐特效　　280

第12章　渲染输出视频文件　　299

第13章　分享视频至新媒体平台　312

◆ 专题实战篇 ◆

第14章　抖音视频——《延时摄影》　328

新手入门篇

会声会影 第1章

会声会影2019快速入门

学习提示

　　会声会影2019是一款功能非常强大的视频编辑软件，提供超过100多种视频编辑功能与效果，可导出多种常见的视频格式，是最常用的视频编辑软件之一。本章主要介绍会声会影2019的新增功能以及工作界面等内容，希望读者熟练掌握。

🗑 CLEAR　　⬆ SUBMIT

本章重点导航

■ 本章重点1——了解会声会影2019新增功能
■ 本章重点2——掌握会声会影2019步骤面板
■ 本章重点3——掌握"编辑"界面各元素
■ 本章重点4——了解视频/音频的格式
■ 实战精通1——多色树叶
■ 实战精通2——会声会影

🗑 CLEAR　　⬆ SUBMIT

1.1 了解会声会影2019新增功能

　　会声会影2019在会声会影2018的基础上，对一些功能进行了新增、完善以及更新，如帧滑块工具、色彩校正功能、转场和滤镜、自定义字幕编辑功能、动态画面分割同框功能以及360视频编辑功能等。下面向读者简单介绍上述功能。

1.1.1 帧滑块工具

　　在会声会影2019的时间轴面板的工具栏中，新增了一个"帧滑块"工具图标，如图1-1所示，其作用是可以帮助用户在剪辑素材后，通过"帧滑块"工具在素材文件上拖曳移动，调整剪辑的输入和输出帧，选取最满意的那段素材。

图1-1　自定义工具栏

　　例如，在会声会影2019编辑器中，需要在一个视频素材上选取一段10秒的短视频，此时，用户可以在导览面板中，将时间线调整至00:00:00:010的位置，然后单击"根据滑轨位置分割素材"按钮剪辑素材，如图1-2所示。

图1-2　单击"根据滑轨位置分割素材"按钮

　　然后在时间轴面板的工具栏中单击"帧滑块"工具，并在视频轨中单击鼠标左键选择并长按剪辑后的10秒短视频，在素材文件上左右移动"帧滑块"工具，如图1-3所示，此时导览面板中所选取的10秒选段视频也会随之移动输入和输出的位置，如图1-4所示。

图1-3　左右移动"帧滑块"工具

图1-4 移动输入和输出的位置

1.1.2 ‖ 色彩校正功能

在会声会影2018编辑器中，色彩校正和镜头校正功能同属"校正"选项面板中的功能。在会声会影2019版本中，这两个功能都有独属的选项面板，并且色彩校正功能更加完善，如图1-5所示为"颜色"选项面板中的"基本"面板、"色调曲线"面板和"HSL调整"面板。

"基本"面板

"色调曲线"面板

"HSL调整"面板

图1-5 "颜色"选项面板

下面以"色调曲线"面板为例介绍具体的操作方法。

扫描二维码 获取文件资源	素材文件	素材\第1章\多色树叶.VSP
	效果文件	效果\第1章\多色树叶.VSP
	视频文件	视频\第1章\1.1.2　色彩校正功能.mp4

实战精通1——多色树叶

步骤 01 在编辑器中打开一个项目文件，在预览窗口中可以查看素材图像，如图1-6所示。

步骤 02 双击视频轨中的素材图像，展开选项面板，切换至"颜色"选项面板，单击"色调曲线"按钮，如图1-7所示。

图1-6　查看素材图像

图1-7　单击"色调曲线"按钮

步骤 03 切换至"色调曲线"面板，单击红色调色块，如图1-8所示。

步骤 04 在上方网格中的红线上单击鼠标左键，添加一个帧点，如图1-9所示。

图1-8　单击红色调色块

图1-9　添加一个帧点

专家指点

在网格中的线段上多次单击鼠标左键，可以添加相应帧点，用户可以通过两种方法调整帧点的位置。一种是通过拖曳帧点调整，在帧点位置发生变化的同时，预览窗口中的素材颜色效果也会随之发生变化，用户可以根据颜色效果，确定帧点位置；另一种则是在"输入"和"输出"文本框中输入位置参数，输入完成后，在网格中单击帧点确认即可。

步骤 05 拖曳添加的帧点，调整帧点的"输入"和"输出"位置，如图1-10所示。

步骤 06 执行操作后，即可在预览窗口中查看素材颜色校正效果，如图1-11所示。素材画面由清晨色调转变成了黄昏色调。

图1-10　拖曳添加的帧点　　　　　　　图1-11　查看素材颜色校正效果

1.1.3 ▌ 全新转场和滤镜

　　在会声会影中，为用户提供了转场素材库和滤镜素材库，转场可以使视频过渡转换画面时更加自然，滤镜可以为视频制作很多有趣的特效。会声会影2019在2018版本的基础上进行了新增和完善，新增了多种项目素材组，两个素材库都有了全新的变化，用户可以展开"画廊"下拉列表查看，如图1-12所示为转场素材组和滤镜素材组。在之后的章节中，会为大家讲解转场和滤镜的使用方法，用户学会以后，可以举一反三，将新增的转场和滤镜特效添加至视频中，制作出精彩的视频文件。

图1-12　转场素材组和滤镜素材组

1.1.4 ▌ 自定义字幕模板

　　在会声会影2019中，用户可以将编辑好的字幕文件添加至自定义标题素材库中，制作自定义字幕模板，下面介绍操作步骤。

扫描二维码 获取文件资源	素材文件	素材\第1章\会声会影.VSP
	效果文件	无
	视频文件	视频\第1章\1.1.4　自定义字幕模板.mp4

 实战精通2——会声会影 ▶

 步骤 01　在编辑器中打开一个项目文件，在预览窗口中可以查看项目效果，如图1-13所示。

图1-13　查看项目效果

步骤 02　单击"标题"按钮，切换至"标题"素材库，单击"画廊"下拉按钮，在弹出的下拉列表中选择"自定义"选项，如图1-14所示。

步骤 03　切换至"自定义"标题素材库，在标题轨中选择字幕文件，并拖曳至"自定义"标题素材库中，释放鼠标左键，即可添加自定义字幕模板，如图1-15所示。

图1-14　选择"自定义"选项　　　　　　　图1-15　添加自定义字幕模板

◀ 1.1.5 ‖ 同框动态分割画面 ▶

　　会声会影2018支持分屏创建功能，可以多屏同框兼容，该功能十分具有可观赏性，用户可以自己创建分屏，进行自定义模板创建，并置入素材，也可以使用系统自带的模板，制作出很多有趣的视频，如图1-16所示为会声会影2018编辑器中"分屏模板创建器"的"模板编辑器"窗口和多屏同框效果。

会声会影2018"模板编辑器"窗口　　　　　　　　多屏同框效果

图1-16　会声会影2018"模板编辑器"窗口和制作效果

会声会影2019在原有的基础上进行了完善和更新，可以创建分屏同框，动态分割视频画面,如图1-17所示为版本更新后会声会影2019编辑器中"分屏模板创建器"的"模板编辑器"窗口。

图1-17 会声会影2019"模板编辑器"窗口

在会声会影2019中,用户在"模板编辑器"窗口中制作多屏同框画面时,可以在导览面板中移动时间线,添加关键帧,在"属性"面板中设置"旋转""边框""边框颜色"以及"阻光度"等属性参数,创建动态分割画面效果,如图1-18所示。

图1-18 创建动态分割画面效果

此外,用户还可以在素材画面中添加图形,待制作完成后,用户还可以将制作完成的分屏视频文件保存为模板,替换素材文件后即可应用。

1.1.6 ‖ 全新360视频编辑

会声会影支持360视频技术,可以让用户在转换影像为标准视频前设定视角,确保观众可以享受360°无死角的最佳视觉体验,用户还可以在电视和制式视频播放器上播放用户制作的视频文件,会声会影2019版本对该功能进行了改进,应用了小星球和兔子洞效果,使其功能更加完善。

用户可以通过以下3种方式进行360视频编辑。

1. 素材库

- 在"媒体"素材库中的视频文件上单击鼠标右键,在弹出的快捷菜单中选择"360视频"|"360视频标准"命令,如图1-19所示。在弹出的子菜单中,用户可以选择"投影到标准""单鱼眼到标准"以及"双鱼眼到标准"3个命令,对视频画面进行编辑。

图1-19　选择"360视频标准"命令

- 使用同样的方法，在"媒体"素材库中的视频文件上单击鼠标右键，在弹出的快捷菜单中选择"360视频"|"360视频转换"命令，如图1-20所示。在弹出的子菜单中，用户可以选择"投影到球面全景""双鱼眼到球面全景""单鱼眼到投影"以及"双鱼眼到投影"4个命令，对视频画面进行编辑。

图1-20　选择"360视频转换"命令

2．视频轨

在视频轨中的视频文件上单击鼠标右键，在弹出的快捷菜单中选择"360视频"命令，如图1-21所示。在弹出的子菜单中，用户可以选择"插入为360""360视频到标准"和"360视频转换"3个命令，对视频画面进行编辑。

图1-21　选择"360视频"命令

3. 菜单栏

在视频轨中选择视频文件,在菜单栏中单击"工具"菜单,在弹出的菜单中选择"360视频"命令,如图1-22所示。在弹出的子菜单中,用户可以选择 "360视频标准"和"360视频转换"2个命令,对视频画面进行编辑。

图1-22 选择"360视频"命令

通过以上3种方式,都可以应用360视频编辑功能,用户可以根据需要选择不同的编辑功能选项进行视频编辑,如图1-23所示为"投影到标准""插入为360""单鱼眼到投影""双鱼眼到投影""单鱼眼到标准""双鱼眼到标准"效果图,以及会声会影2019版本更新后新增的两种效果:"投影到球面全景"和"双鱼眼到球面全景"效果图。

"投影到标准"效果

"插入为360"效果

"单鱼眼到投影"效果

"双鱼眼到投影"效果

"单鱼眼到标准"效果

"双鱼眼到标准"效果

图1-23 应用360视频编辑功能效果

"投影到球面全景"效果　　　　　　　　　　"双鱼眼到球面全景"效果

图1-23　应用360视频编辑功能效果(续)

专家指点

在会声会影2018原有的版本中，360视频编辑功能就有6种编辑效果可以应用，会声会影2019应用小星球和兔子洞效果，新增了两种效果，用户在编辑应用这8种效果时，可以多加实操训练，应用到制作的视频当中。

1.2　掌握会声会影2019步骤面板

在会声会影2019中包括4大步骤面板，分别为"欢迎""捕获""编辑"以及"共享"步骤面板。除了"欢迎"步骤面板中的功能相对简单，其他3个步骤面板都是编辑视频的常用面板，下面分别介绍这3大步骤面板。

1.2.1　"捕获"步骤面板

在会声会影2019界面的上方，单击"捕获"标签，进入"捕获"步骤面板，如图1-24所示。通过使用该步骤面板中的相关功能，可以捕获各种视频文件，如DV视频、DVD视频以及实时屏幕画面，还可以制作定格动画，该界面能满足用户的各种视频捕获需求。

图1-24　进入"捕获"步骤面板

1.2.2 ‖ "编辑"步骤面板

在会声会影2019界面的上方，单击"编辑"标签，进入"编辑"步骤面板，如图1-25所示。该步骤面板是编辑视频文件的主要场所，在其中可以对视频进行剪辑和修整操作，还可以为视频添加转场、滤镜、字幕等各种特效，丰富视频画面。

图1-25 进入"编辑"步骤面板

1.2.3 ‖ "共享"步骤面板

在会声会影2019界面的上方，单击"共享"标签，进入"共享"步骤面板，如图1-26所示。当用户对视频编辑完成后，需要通过"共享"步骤面板中的相关功能，将视频文件进行输出操作，可以输出为不同的视频格式，还可以制作3D视频文件，或者将视频上传至网络与其他网友一起分享制作的视频成果。

图1-26 进入"共享"步骤面板

1.3 掌握"编辑"界面各元素

会声会影2019的工作界面主要包括菜单栏、步骤面板、选项面板、预览窗口、导览面板、各类素材库以及时间轴面板等，如图1-27所示。

图1-27　会声会影2019的工作界面

1.3.1 菜单栏

在会声会影2019工作界面中，用户可以快速而清晰地完成影片的编辑工作。会声会影2019中的菜单栏位于工作界面的左上方，包括"文件""编辑""工具""设置"和"帮助"5个菜单，如图1-28所示。

图1-28　会声会影2019的菜单栏

在菜单栏中各菜单命令含义如下。

❶ **"文件"菜单**：在该菜单中可进行一些项目的操作，如新建、打开和保存等。

❷ **"编辑"菜单**：在该菜单中包含一些编辑命令，如撤销、重复、复制和粘贴等。

❸ **"工具"菜单**：在该菜单中可以对视频进行多样的编辑，如使用会声会影的DV转DVD向导功能，可以对视频文件进行编辑并刻录成光盘等。

❹ **"设置"菜单**：在该菜单中可以设置项目文件的基本参数、查看项目文件的属性、使用智能代理管理器以及使用章节点管理器等。

❺ **"帮助"菜单**：在该菜单中可以获取相关的软件帮助信息，包括使用指南、视频教学课程、新增功能、入门指南以及检查更新等内容。

在会声会影2019中，菜单命令可分为3种类型，下面以图1-29所示的"文件"菜单为例进行介绍。

- 普通菜单命令:普通菜单上没有特殊标记,只需选择该命令,即可执行相应的操作,如"新建项目"命令。
- 子菜单命令:在菜单命令的右侧带有三角形图标,选择该命令,可打开其子菜单,如"将媒体文件插入到时间轴"和"将媒体文件插入到素材库"等命令。
- 对话框菜单命令:在菜单命令之后带有省略号(⋯),选择该命令,将弹出一个对话框,如"打开项目""另存为"和"智能包"等命令。

图1-29 "文件"菜单

1.3.2 ‖ 步骤面板

会声会影2019将视频的编辑过程简化为"捕获""编辑"和"共享"3个步骤,单击步骤面板上相应的标签,可以在不同的步骤之间进行切换,在上一节中已经向读者进行了简单的介绍,这里不再重复。

1.3.3 ‖ 选项面板

在时间轴中对项目选取的素材进行参数设置,根据选中素材的类型和轨道,选项面板中会显示出对应的参数,该面板中的内容将根据步骤面板的不同而有所不同。如图1-30所示为照片"编辑"选项面板与视频"编辑"选项面板。

图1-30 照片"编辑"选项面板与视频"编辑"选项面板

在会声会影2019媒体素材库面板下方有3个按钮,其功能如下。

- "显示选项面板"按钮 ☑:单击该按钮,可以展开选项面板,用户可以根据需要在其中设置属性。
- "显示库和选项面板"按钮 ▦:单击该按钮,可同时展开媒体素材库和选项面板。
- "显示库面板"按钮 ▤:单击该按钮,则只显示素材库面板中的模板内容。

在照片"编辑"选项面板和视频"编辑"选项面板中，各菜单命令含义如下。

① **"照片区间"数值框**：该数值框用于调整照片素材播放时间的长度，显示了当前播放所选照片素材所需的时间，时间码上的数字代表"小时:分钟:秒:帧"，单击其右侧的微调按钮，可以调整数值的大小，也可以单击时间码上的数字，待数字处于闪烁状态时，输入新的数字后按【Enter】键确认，即可改变原来照片素材的播放时间长度。

② **"保持宽高比"选项**：单击该选项右侧的下拉按钮，在弹出的下拉列表框中选择相应的选项，可以调整预览窗口中素材的大小和样式。

③ **"摇动和缩放"单选按钮**：选中该单选按钮，可以设置照片素材的摇动和缩放效果，其中向用户提供了多种预设样式，用户可根据需要进行相应的选择。

④ **"自定义"按钮**：选中"摇动和缩放"单选按钮后，单击"自定义"按钮，在弹出的对话框中可以对选择的摇动和缩放样式进行相应的编辑与设置。

⑤ **"速度/时间流逝"按钮**：单击该按钮，在弹出的对话框中可以设置视频素材的回放速度和流逝时间。

⑥ **"分割音频"按钮**：在视频轨中选择相应的视频素材后，单击该按钮，可以将视频中的音频分割出来。

⑦ **"多重修整视频"按钮**：单击该按钮，弹出"多重修整视频"对话框，在其中用户可以对视频文件进行多重修整操作，也可以将视频按照指定的区间长度进行分割和修剪。

⑧ **"反转视频"选项**：选中该复选框，可以对视频素材进行反转操作。

⑨ **"变速"按钮**：单击该按钮，可以调整视频的速度，或快或慢。

⑩ **"按场景分割"按钮**：在视频轨中选择相应的视频素材后，单击该按钮，在弹出的对话框中可以对视频文件按场景分割为多段单独的视频文件。

⑪ **"向左旋转"按钮和"向右旋转"按钮**：单击该按钮，可以向左或向右旋转素材。

◀ 1.3.4 导览面板 ▶

在导览面板上有一排播放控制按钮和功能按钮，用于预览和编辑项目中使用的素材，如图1-31所示。使用修整栏和滑轨可以对素材进行编辑，将鼠标指针移至导览面板中相应的按钮图标上时，会出现提示信息，显示该按钮的名称。

在导览面板中，各按钮含义如下。

图1-31　导览面板

① **"播放"按钮 ▶**：单击该按钮，播放会声会影的项目、视频或音频素材。按住【Shift】键的同时单击该按钮，可以仅播放在修整栏上选取的区间(在开始标记和结束标记之间)。在回放时，单击该按钮，可以停止播放视频。

② **"起始"按钮 ◀**：单击该按钮，可以将时间线移至视频的起始位置。

③ **"上一帧"按钮 ◀∥**：单击该按钮，可以将时间线移至视频的上一帧位置，在预览窗口中显

示上一帧视频的画面特效。

④ "下一帧"按钮：单击该按钮，可以将时间线移至视频的下一帧位置，在预览窗口中显示下一帧视频的画面特效。

⑤ "结束"按钮：单击该按钮，可以将时间线移至视频的结束位置，在预览窗口中显示相应的结束帧画面效果。

⑥ "重复"按钮：单击该按钮，可以使视频重复播放。

⑦ "系统音量"按钮：单击该按钮，或拖动弹出的滑动条，可以调整素材的音频音量，同时也会调整扬声器的音量。

⑧ "更改项目宽高比"下拉按钮：单击下拉按钮，在弹出的下拉列表框中提供了5种更改项目比例的选项，选择相应的选项图标，在预览窗口中可以将项目更改为相应的播放比例。

⑨ "变形工具"下拉按钮：单击该按钮，在弹出的下拉列表框中提供了两种变形方式，选择不同的选项图标，即可对素材进行裁剪变形。

⑩ "开始标记"按钮：单击该按钮，可以标记素材的起始点。

⑪ "结束标记"按钮：单击该按钮，可以标记素材的结束点。

⑫ "根据滑轨位置分割素材"按钮：将鼠标指针定位到需要分割的位置，单击该按钮，即可将所选的素材剪切为两段。

⑬ "滑轨"：单击并拖动该按钮，可以浏览素材，其停顿的位置显示在当前预览窗口的内容中。

⑭ "修整标记"按钮：单击该按钮，可以修整、编辑和剪辑视频素材。

⑮ "扩大"按钮：单击该按钮，可以在较大的窗口中预览项目或素材。

⑯ "时间码"数值框：通过指定确切的时间，可以直接调到项目或所选素材的特定位置。

专家指点

在导览面板中，提供了两种变形方式，一种是"比例模式"，选择"比例模式"，可以在预览窗口中通过拖曳素材四周的控制柄，使素材等比例变形大小；另一种是"裁剪模式"，选择"裁剪模式"，在预览窗口中，可以通过拖曳素材四周的控制柄，裁剪掉不需要的素材画面。

◀ 1.3.5 ‖ 预览窗口 ▶

在会声会影2019中，预览窗口位于操作界面的左上角，是导览面板的上半部分，如图1-32所示。在预览窗口中，用户可以查看正在编辑的项目或者预览视频、转场、滤镜以及字幕等素材的效果。

图1-32 预览窗口

1.3.6 ‖ 素材库

素材库用于保存和管理各种多媒体素材，素材库中的素材种类主要包括视频、照片、音乐、即时项目、转场、字幕、滤镜、Flash动画及边框效果等。如图1-33所示为"即时项目"素材库、"转场"素材库、"字幕"素材库以及"滤镜"素材库。

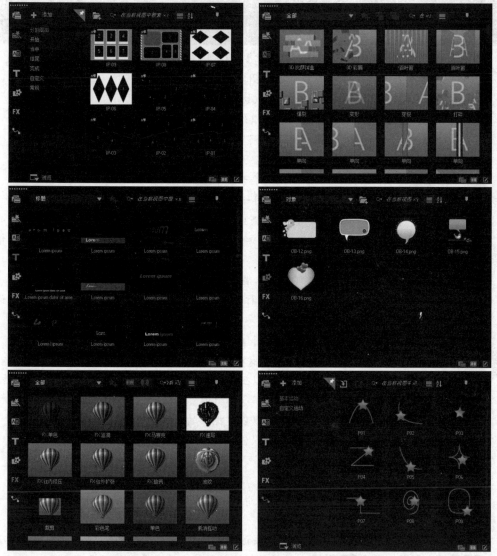

图1-33　各素材库

1.3.7 ‖ 时间轴

时间轴位于整个操作界面的最下方，用于显示项目中包含的所有素材、标题和效果，它是整个项目编辑的关键窗口，如图1-34所示。在时间轴中允许用户微调效果，并以精确到帧的精度来修改和编辑视频，还可以根据素材在每条轨道上的位置准确地显示故事中事件发生的时间和位置。

图1-34　会声会影2019的时间轴

在时间轴面板上方的工具栏中，各工具按钮含义如下。

❶ "故事板视图"按钮▣：单击该按钮，可以切换至故事板视图。

❷ "时间轴视图"按钮▤：单击该按钮，可以切换至时间轴视图。

❸ "自定义工具栏"按钮▨：单击该按钮，可以打开工具栏面板，在面板中用户可以管理时间轴工具栏中的相应工具。

❹ "撤销"按钮↩：单击该按钮，可以撤销前一步的操作。

❺ "重复"按钮↪：单击该按钮，可以重复前一步的操作。

❻ "帧滑块"按钮▦：单击该按钮，可以调整剪辑选段的输入和输出帧。

❼ "录制/捕获选项"按钮▩：单击该按钮，弹出"录制/捕获选项"对话框，可以进行定格动画、屏幕捕获以及快照等操作。

❽ "混音器"按钮▨：单击该按钮，可以进入混音器视图。

❾ "自动音乐"按钮▨：单击该按钮，可以打开"自动音乐"选项面板，在面板中可以设置相应选项以自动播放音乐。

❿ "运动追踪"按钮▨：单击该按钮，可以制作视频的运动追踪效果。

⓫ "字幕编辑器"按钮▣：单击该按钮，可以在视频画面中创建字幕效果。

⓬ "多相机编辑器"按钮▦：单击该按钮，可以在播放视频素材的同时进行动态剪辑、合成操作。

⓭ "重新映射时间"按钮▨：单击该按钮，可以重新调整视频的播放速度、播放方向。

⓮ "遮罩创建器"按钮▨：单击该按钮，可以创建视频的遮罩效果。

⓯ "摇动和缩放"按钮▨：单击该按钮，可以创建视频的摇动和缩放效果。

⓰ "3D标题编辑器"按钮▨：单击该按钮，可以制作3D标题字幕效果。

⓱ "分屏模板创建器"按钮▨：单击该按钮，可以创建多屏同框、兼容分屏效果。

⓲ "放大/缩小"滑块▨：向左拖曳滑块，可以缩小项目显示；向右拖曳滑块，可以放大项目显示。

⓳ "将项目调到时间轴窗口大小"按钮▣：单击该按钮，可以将项目文件调整到时间轴窗口大小。

⓴ "项目区间"显示框▨ 0:00:00:000：该显示框中的数值，显示了当前项目的区间大小。

在时间轴面板的左侧，默认情况下包含5条轨道，分别为视频轨、覆叠轨、标题轨、声音轨以及音乐轨，各轨道相关功能如下。

● 视频轨▣：在视频轨中可以插入视频素材与图像素材，还可以对视频素材与图像素材进行相应的编辑、修剪以及管理等操作。

● 覆叠轨▣：在覆叠轨中可以制作相应的覆叠特效。覆叠功能是会声会影2019提供的一种视频编辑技巧。简单地说，"覆叠"就是画面的叠加，在屏幕上同时显示多个画面效果。

● 标题轨▣：在标题轨中可以创建多个标题字幕效果与单个标题字幕效果。字幕是以各种字体、样式、动画等形式出现在屏幕上的中外文字的总称，字幕设计与书写是视频编辑的艺术手段之一。

- 声音轨：在声音轨中可以插入相应的背景声音素材，并添加相应的声音特效。在编辑影片的过程中，除了画面以外，声音效果是影片的另一个非常重要的因素。
- 音乐轨：在音乐轨中也可以插入相应的音乐素材，是除声音轨以外，另一个添加音乐素材的轨道。

1.4　了解视频/音频的格式

会声会影是一款专为个人及家庭等非专业用户设计的视频编辑软件，现在已升级到2018版，新版本的会声会影2019功能更全面，设计更具人性化，操作也更加简单方便。本节主要介绍视频编辑的基本常识，包括视频技术常用术语、视频编辑常用术语、视频常用格式及音频常用格式等。

◀ 1.4.1 ‖ 4个视频技术术语 ▶

在会声会影2019中，常用的视频技术主要包括NTSC、PAL及DV等，下面简单介绍这几种常用的视频技术。

1. NTSC

NTSC(National Television Standards Committee)是国家电视标准委员会定义的一个标准，它的标准是每秒30帧，每帧525条扫描线，这个标准包括在电视上显示的颜色范围限制。

2. PAL

PAL(Phase Alternation Line)是一个被用于欧洲、非洲和南美洲的电视标准。

3. DV

DV是新一代的数字录影带的规格，体积更小、录制时间更长。使用6.35带宽的录影带，以数字信号来录制影音，录影时间为60分钟，有LP模式可延长拍摄时间至带长的1.5倍，全名为Digital Video，简称为DV。目前市面上有两种规格的DV，一种是标准的DV带；一种是缩小的Mini DV带，一般家用的摄像机使用的都是Mini DV带。

4. D8

D8为SONY公司的新一代机种，与Hi8和V8同样使用8mm带宽的录影带，但是它以数字信号来录制影音，录影时间缩短为原来带长的一半，全名为Digital8，简称D8，水平解析度为500条。

◀ 1.4.2 ‖ 7个视频编辑术语 ▶

在会声会影2019中，了解视频编辑的常用术语很重要，如帧和场、分辨率、电视制式、渲染及复合视频信号等，下面进行简单介绍。

1. 帧和场

帧是视频技术常用的最小单位，一帧是由两次扫描获得的一幅完整图像的模拟信号。视频信号的每次扫描称为场。

视频信号扫描的过程是从图像左上角开始，水平向右到达图像右边后迅速返回左边，并另起一行重新扫描。这种从一行到另一行的返回过程称为水平消隐。每一帧扫描结束后，扫描点从图像的右下角返回左上角，再开始新一帧的扫描。从右下角返回左上角的时间间隔称为垂直消隐。一般行频表示每秒扫描多少行，场频表示每秒扫描多少场，帧频表示每秒扫描多少帧。

2．分辨率

分辨率即帧的大小(Frame Size)，表示单位区域内垂直和水平的像素数值，一般单位区域中像素数值越大，图像显示越清晰，分辨率也就越高。不同电视制式的不同分辨率，用途也会有所不同，如表1-1所示。

3．电视制式

电视信号的标准称为电视制式。目前各国的电视制式各不相同，制式的区分主要在于其帧频(场频)、分辨率、信号带宽及载频、颜色空间转换的不同等。电视制式主要有NTSC制式、PAL制式和SECAM制式3种。

表 1-1 不同电视制式分辨率的用途

制　式	分辨率	用　途
NTSC	352×240	VCD
	720×480、704×480	DVD
	480×480	SVCD
	720×480	DV
	640×480、704×480	AVI视频格式
PAL	352×288	VCD
	720×576、704×576	DVD
	480×576	SVCD
	720×576	DV
	640×576、704×576	AVI视频格式

4．渲染

渲染是为要输出的文件应用了转场及其他特效后，将源文件信息组合成单个文件的过程。

5．复合视频信号

复合视频信号包括亮度和色度的单路模拟信号，即从全电视信号中分离出伴音后的视频信号，色度信号间插在亮度信号的高端。这种信号一般可通过电缆输入或输出至视频播放设备上。由于该视频信号不包含伴音，与视频输入端口、输出端口配套使用时，还需设置音频输入端口和输出端口，以便同步传输伴音，因此复合式视频端口也称AV端口。

6．编码解码器

编码解码器的主要作用是对视频信号进行压缩和解压缩。一般分辨率为640×480像素的视频信息，以每秒30帧的速度播放，在无压缩的情况下每秒传输的容量高达27MB。因此，只有对视频信息进行压缩处理，才能在有限的空间中存储更多的视频信息，这个对视频压缩解压的硬件就是"编码解码器"。

7．"数字/模拟"转换器

"数字/模拟"转换器是一种将数字信号转换成模拟信号的装置。"数字/模拟"转换器的位数越高，信号失真越小，图像也更清晰。

◀ 1.4.3 ‖ 8种视频常用格式 ▶

数字视频是用于压缩图像和记录声音数据及回放过程的标准，同时包含了DV格式的设备和数字视频压缩技术本身，下面介绍几种常用的视频格式。

1．MPEG格式

MPEG(Moving Picture Experts Group)类型的视频文件是由MPEG编码技术压缩而成的视频文件，被广泛应用于VCD/DVD及HDTV的视频编辑与处理中。MPEG包括MPEG-1、MPEG-2和MPEG-4(注意：没有MPEG-3，一般所说的MP3是MPEG Layer 3)。

- MPEG-1：MPEG-1是用户接触得最多的，因为被广泛应用在VCD的制作及下载一些视频片段的网络上，一般的VCD都是应用MPEG-1格式压缩的(注意：VCD 2.0并不是说VCD是用MPEG-2压缩的)。使用MPEG-1的压缩算法，可以把一部120分钟长的电影压缩到1.2GB左右。
- MPEG-2：MPEG-2主要应用在制作DVD方面，同时在一些高清晰电视广播(HDTV)和一些高要求的视频编辑处理上也有广泛应用。使用MPEG-2的压缩算法压缩一部120分钟长的电影，可以将其压缩到4～8GB。
- MPEG-4：MPEG-4是一种新的压缩算法，使用这种算法的ASF格式可以把一部120分钟长的电影压缩到300MB左右，可以在网上观看。其他的DIVX格式也可以压缩到600MB左右，但其图像质量比ASF要好很多。

2．AVI格式

AVI(Audio Video Interleaved)格式在Windows 3.1时代就出现了，它的好处是兼容性好，图像质量好，调用方便，但文件通常偏大。

3．nAVI格式

nAVI(newAVI)是一个名为ShadowRealm的组织发展起来的一种新的视频格式。它是由Microsoft ASF压缩算法修改而来的(并不是想象中的AVI)。视频格式追求的是压缩率和图像质量，所以nAVI为了达到这个目标，改善了原来ASF格式的不足，让nAVI可以拥有更高的帧率(Frame rate)。当然，这是以牺牲ASF的视频流特性作为代价的。概括来说，nAVI就是一种去掉视频流特性的改良的ASF格式，再简单点就是非网络版本的ASF。

4．RM格式

RM是由Real公司创建的一种压缩格式，在制作时所选择的压缩率可以左右RM文件的存储空间，一些在线影视网站下载视频时会优先选择RM格式，因为它具备文件小、画质清晰的特点，在减少存储空间和提升画面质量方面有一定的优势。

5．ASF格式

ASF(Advanced Streaming Format)是Microsoft公司为了和现在的Real Player竞争而发展起来的一种可以直接在网上观看视频节目的文件压缩格式。由于它使用了MPEG-4的压缩算法，所以压缩率和图像的质量都很不错。因为ASF是以一个可以在网上即时观赏的视频流格式存在的，它的图像质量比VCD差一些，但比同是视频流格式的RMA格式要好。

6．WMV格式

随着网络化的迅猛发展，用于互联网实时传播的WMV视频格式逐渐流行起来，其主要优点包括可扩充的媒体类型、本地或网络回放、可伸缩的媒体类型、多语言支持、扩展性等。

7．MOVTime格式

MOV格式是Apple(苹果)公司创立的一种视频格式，在很长一段时间内，它都只是在苹果公司的Mac机上存在，后来发展到支持Windows平台。

8．DIVX格式

DIVX由Microsoft MPEG-4修改而来，同时它也是为打破ASF的种种协定而发展出来的。而使用这种据说是美国禁止出口的编码技术压缩一部DVD只需要2张CD-ROM，这样就意味着不需要买DVD-ROM也可以得到和它差不多的视频质量了，而这一切只需要有CD-ROM。

1.4.4 ‖ 11种音频常用格式

数字音频是用来表示声音强弱的数据序列，由模拟声音经抽样、量化和编码后得到。简单地说，数字音频的编码方式就是数字音频格式，不同的数字音频设备对应着不同的音频文件格式。下面介绍几种常用的数字音频格式。

1．MP3格式

MP3全称为MPEG Layer 3，它在1992年合并至MPEG规范中。MP3能够以高音质、低采样对数字音频文件进行压缩。换句话说，音频文件(主要是大型文件，比如WAV文件)能够在音质丢失很小的情况下(人耳根本无法察觉这种音质损失)把文件压缩到更小的程度。

2．MP3 Pro格式

MP3 Pro是由瑞典Coding科技公司开发的，其中包含两大技术：一是来自于Coding科技公司所特有的解码技术，二是由MP3专利持有者——法国Thomson多媒体公司和德国Fraunhofer集成电路协会共同研究的一项译码技术。MP3 Pro可以在基本不改变文件大小的情况下改善原先的MP3音质，它能够在使用较低的比特率压缩音频文件的情况下，最大限度地保持压缩前的音质。

MP3 Pro格式与MP3是兼容的，所以它的文件类型也是MP3。MP3 Pro播放器可以支持播放MP3 Pro或者MP3编码的文件；普通的MP3播放器也可以支持播放MP3 Pro编码的文件，但只能播放出MP3的音量。虽然MP3 Pro是一项优秀的技术，但是由于技术专利费用的问题及其他技术提供商(如Microsoft)的竞争，MP3 Pro并没有得到广泛应用。

3．WAV格式

WAV格式是微软公司开发的一种声音文件格式，又称为波形声音文件，是最早的数字音频格式，受Windows平台及其应用程序广泛支持。WAV格式支持许多压缩算法，支持多种音频位数、采样频率和声道，采用44.1kHz的采样频率，16位量化位数，因此WAV的音质与CD相差无几，但WAV格式对存储空间需求太大，不便于交流和传播。

4．MP4格式

MP4采用的是美国电话电报公司(AT&T)研发的以"知觉编码"为关键技术的A2B音乐压缩技术，由美国网络技术公司(GMO)及RIAA联合公布的一种新型音乐格式。MP4在文件中采用了保护版权的编码技术，只有特定的用户才可以播放，有效地保护了音频版权的合法性。

5．WMA格式

WMA格式是Microsoft公司在互联网音频、视频领域的力作，该格式可以通过减少数据流量但保持音质的方法来达到更高的压缩率目的。其压缩率一般可以达到1∶18。另外，WMA格式还可以通过DRM(Digital Rights Management)方案防止拷贝，或者限制播放时间和播放次数，以及限制播放机器，从而有力地防止盗版。

6．VQF格式

VQF格式是由Yamaha和NTT共同开发的一种音频压缩技术，它的压缩率可以达到1∶18(与WMA格式相同)。压缩的音频文件体积比MP3格式小30%～50%，更便于网络传播，同时音质极佳，几乎接近CD音质(16位44.1kHz立体声)。唯一遗憾的是，VQF未公开技术标准，所以至今没能流行开来。

7．MIDI格式

MIDI又称为乐器数字接口，是数字音乐电子合成乐器的统一国际标准。它定义了计算机音乐程序、数字合成器及其他电子设备交换音乐信号的方式，规定了不同厂家的电子乐器与计算机连接的电缆和硬件及设备间数据传输的协议，可以模拟多种乐器的声音。

MIDI文件就是MIDI格式的文件，在MIDI文件中存储的是一些指令，把这些指令发送给声卡，声卡就可以按照指令将声音合成出来。

8．DVD Audio格式

DVD Audio是最新一代的数字音频格式，它与DVD Video尺寸、容量相同，为音乐格式的DVD光盘。

9．Real Audio格式

Real Audio是由Real Networks公司推出的一种文件格式，主要适用于网络上的在线播放。Real Audio格式最大的特点就是可以实时传输音频信息，例如在网速比较慢的情况下，仍然可以较为流畅地传送数据。

10．AU格式

AU格式是UNIX系统下一种常用的音频格式，起源于Sun公司的Solaris系统。这种格式本身也支持多种压缩方式，但文件结构的灵活性不如WAV格式。这种格式的最大问题是它本身所依附的平台不是面向广大消费者的，因此知道这种格式的用户并不多。但是这种格式出现了很多年，所以许多播放器和音频编辑软件都提供了读/写支持。目前可能唯一使用AU格式来保存音频文件的就是Java平台了。

11．AIFF格式

AIFF格式是苹果电脑上标准的音频格式，属于QuickTime技术的一部分。这种格式的特点就是格式本身与数据的意义无关，因此受到了Microsoft公司的青睐，并据此制作出WAV格式。AIFF虽然是一种很优秀的文件格式，但由于它是苹果电脑上的格式，因此在PC平台上并没有流行。不过，由于苹果电脑多用于多媒体制作出版行业，因此几乎所有的音频编辑软件和播放软件都或多或少地支持AIFF格式。由于AIFF格式的包容特性，它支持许多压缩技术。

1.5　掌握两大后期编辑类型

传统的后期编辑应用的是A/B ROLL方式，它要用到两台放映机(A和B)、一台录像机和一台转换机(Switcher)。A和B放映机中的录像带上存储了已经采集好的视频片段，这些片段的每一帧都有时间码。如果现在把A带上的a视频片段与B带上的b视频片段连接在一起，就必须先设定好a片段要从哪一帧开始，到哪一帧结束，即确定好"开始"点和"结束"点。同样，由于b片段也要设定好相应的"开始"和"结束"点，当将两个视频片段连接在一起时，就可以使用转换机来设定转换效果，当然也可以通过它来制作更多特效。视频后期编辑的两种类型包括线性编辑和非线性编辑，下面进行简单介绍。

1.5.1 线性编辑

"线性编辑"是利用电子手段，按照播出节目的需求对原始素材进行顺序剪辑处理，最终形成新的连续画面。其优点是技术比较成熟，操作相对比较简单。线性编辑可以直接、直观地对素材录像带进行操作，因此操作起来较为简单。

线性编辑系统所需的设备也为编辑过程带来了众多的不便，全套的设备不仅需要投入较高的资金，而且设备的连线多，故障发生也频繁，维修起来更是比较复杂。这种线性编辑技术的编辑过程只能按时间顺序进行编辑，无法删除、缩短或加长中间某一段的视频。

1.5.2 非线性编辑

随着计算机软硬件的发展，非线性编辑借助计算机软件数字化的编辑，几乎将所有的工作都在计算机中完成。这不仅降低了众多外部设备和故障的发生频率，更是突破了单一事件顺序编辑的限制。

非线性编辑的实现主要靠软硬件的支持，两者的组合称为"非线性编辑系统"。一个完整的非线性编辑系统主要由计算机、视频卡(或IEEE1394卡)、声卡、高速硬盘、专用特效卡及外围设备构成。

相比线性编辑，非线性编辑的优点与特点主要集中在素材的预览、编辑点定位、素材调整的优化、素材组接、素材复制、特效功能、声音的编辑及视频的合成等方面。

非线性编辑是针对线性编辑而言的，它具有以下3个特点。

- 需要强大的硬件，价格十分昂贵。
- 依靠专业视频卡实现实时编辑，目前大多数电视台均采用这种系统。
- 非实时编辑，影像合成需要通过渲染来生成，花费的时间较长。

> **专家指点**
>
> 会声会影的非线性编辑，主要是借助计算机来进行数字化制作，几乎所有的工作都在计算机里完成，不再需要那么多的外部设备，对素材的调用可以瞬间实现，不用反复去寻找，突破单一的时间顺序编辑限制，可以按各种顺序排列，具有快捷简便、随机的特性。

第2章

会声会影2019基本操作

学习提示

会声会影2019是Corel公司推出的一款视频编辑软件，也是世界上第一款面向非专业用户的视频编辑软件，它凭着简单方便的操作、丰富的效果和强大的功能，成为家庭DV用户的首选编辑软件。在开始学习这款软件之前，读者应该积累一定的入门知识，这样有助于后面的学习。本章主要介绍会声会影2019的启动、退出以及基本操作等知识。

🗑 CLEAR   ⬆ SUBMIT

本章重点导航

- ■ 实战精通3——启动会声会影2019
- ■ 实战精通4——退出会声会影2019
- ■ 实战精通5——沙漠戈壁
- ■ 实战精通6——木桌爱情
- ■ 实战精通7——美食美味
- ■ 实战精通8——甜点小吃
- ■ 实战精通9——江中美景

- ■ 实战精通10——可爱动物
- ■ 实战精通11——山间美景
- ■ 实战精通12——创建库项目
- ■ 实战精通13——岩洞奇景
- ■ 实战精通14——阳光正好
- ■ 实战精通15——故事板视图
- ■ 实战精通16——命运之夜

🗑 CLEAR   ⬆ SUBMIT

2.1 启动和退出会声会影2019

用户在学习会声会影2019之前，需要掌握软件的启动与退出方法，这样才有助于更进一步地学习该软件。本节主要向读者介绍如何启动与退出会声会影2019。

2.1.1 启动会声会影2019

使用会声会影2019制作影片之前，首先需要启动会声会影2019应用程序。下面介绍启动会声会影2019的操作方法。

扫描二维码 获取文件资源	素材文件	无
	效果文件	无
	视频文件	视频\第2章\2.1.1 启动会声会影2019.mp4

实战精通3——启动会声会影2019

步骤 01　在桌面上的"会声会影2019"快捷方式图标上单击鼠标右键，在弹出的快捷菜单中选择"打开"命令，如图2-1所示。

步骤 02　执行操作后，进入会声会影2019启动界面，如图2-2所示。

图2-1　选择"打开"命令

图2-2　进入启动界面

步骤 03　稍等片刻，弹出软件界面，进入会声会影2019工作界面，如图2-3所示。

图2-3　进入会声会影2019工作界面

除了运用上述方法可以启动会声会影2019外，还可以单击操作系统桌面左下角的"开始"按钮，在弹出的菜单列表中单击会声会影2019应用程序图标，即可启动软件。

此外，用户还可以在启动会声会影2019程序软件后，将其锁定在任务栏中，这样即使是在打开了其他程序的情况下，也可以快速启动会声会影2019。

2.1.2 ‖ 退出会声会影2019

当用户运用会声会影2019编辑完视频后，为了节约系统内存空间，提高系统运行速度，此时可以退出会声会影2019应用程序。下面介绍退出会声会影2019的操作方法。

扫描二维码获取文件资源	素材文件	无
	效果文件	无
	视频文件	视频\第2章\2.1.2　退出会声会影2019.mp4

实战精通4——退出会声会影2019

步骤 01 进入会声会影编辑器，选择菜单栏中的"文件"|"退出"命令，如图2-4所示。

步骤 02 执行上述操作后，即可退出会声会影2019，返回桌面，如图2-5所示。

图2-4　选择"退出"命令

图2-5　退出会声会影2019

专家指点

除了运用上述方法可以退出会声会影2019外，还可以通过以下两种方式退出会声会影2019。

- 单击工作界面右上角的"关闭"按钮，关闭工作界面。
- 在菜单栏的空白位置单击鼠标右键，在弹出的快捷菜单中选择"关闭"命令，即可关闭工作界面，退出会声会影2019。

2.2　掌握项目的基本操作

项目，就是进行视频编辑等操作的文件。使用会声会影对视频进行编辑时，会涉及一些项目的基础操作，如新建项目、打开项目、保存项目和关闭项目等。下面主要介绍会声会影2019中项目的基本操作方法。

2.2.1 ‖ 新建项目文件

会声会影2019的项目文件是*.VSP格式的文件，它用来存放制作影片所需的必要信息，包括视频素材、图像素材、声音文件、背景音乐以及字幕和特效等。但是，项目文件本身并不是影片，只是在最后的分享步骤中，经过渲染输出，将项目文件中的所有素材连接在一起，生成最终的影片。在运行会声会影编辑器时，程序会自动打开一个新项目，并让用户开始制作视频作品。如果是第一次使用会声会影编辑器，那么新项目将使用会声会影的初始默认设置。否则，新项目将使用上次使用的项目设置。项目设置可以决定在预览项目时视频项目的渲染方式。

扫描二维码 获取文件资源	素材文件	素材\第2章\SP-I03.jpg
	效果文件	效果\第2章\沙漠戈壁.VSP
	视频文件	视频\第2章\2.2.1　新建项目文件.mp4

实战精通5——沙漠戈壁

步骤 01 进入会声会影编辑器，选择菜单栏中的"文件"|"新建项目"命令，如图2-6所示。

步骤 02 执行上述操作后，即可新建一个项目文件，单击"显示照片"按钮，显示软件自带的照片素材，如图2-7所示。

图2-6　选择"新建项目"命令

图2-7　显示软件自带的照片素材

专家指点

当用户正在编辑的文件没有进行保存操作时，在新建项目的过程中，会弹出提示信息框，提示用户是否保存当前文档。单击"是"按钮，即可保存项目文件；单击"否"按钮，将不保存项目文件；单击"取消"按钮，将取消项目文件的新建操作。

步骤 03 在照片素材库中，选择相应的照片素材，按住鼠标左键并拖曳至视频轨中，如图2-8所示。

步骤 04 在预览窗口中，即可预览素材效果，如图2-9所示。

图2-8　拖曳至视频轨中

图2-9　预览素材效果

2.2.2 ‖ 打开项目文件

在会声会影2019中打开项目文件后，可以编辑影片中的视频素材、图像素材、声音文件、背景音乐以及文字和特效等内容，然后再根据需要，重新渲染并生成新的影片。

扫描二维码获取文件资源	素材文件	素材\第2章\木桌爱情.VSP
	效果文件	效果\第2章\木桌爱情.VSP
	视频文件	视频\第2章\2.2.2　打开项目文件.mp4

实战精通6——木桌爱情

步骤 01 在会声会影编辑器中，选择"文件"|"打开项目"命令，如图2-10所示。

步骤 02 弹出"打开"对话框，在其中选择需要打开的项目文件，如图2-11所示。

图2-10　选择"打开项目"命令

图2-11　选择需要打开的项目文件

步骤 03 单击"打开"按钮，即可打开项目文件，单击导览面板中的"播放"按钮，预览项目效果，如图2-12所示。

图2-12　预览项目效果

2.2.3 ‖ 保存项目文件

在会声会影2019中编辑影片后，保存项目文件也就是保存了视频素材，包括图像素材、声音文件、背景音乐、标题字幕及特效等信息。下面介绍保存项目文件的操作方法。

扫描二维码 获取文件资源	素材文件	素材\第2章\美食美味.VSP
	效果文件	效果\第2章\美食美味.VSP
	视频文件	视频\第2章\2.2.3　保存项目文件.mp4

实战精通7——美食美味

步骤 01 进入会声会影编辑器，选择"文件"|"打开项目"命令，弹出"打开"对话框，在其中选择需要打开的项目文件，单击"打开"按钮，打开项目文件，如图2-13所示。

步骤 02 在预览窗口中可预览打开的项目效果，如图2-14所示。

图2-13　打开项目文件　　　　　　　　　　　　图2-14　预览项目效果

步骤 03 在菜单栏上选择"文件"|"另存为"命令，如图2-15所示。

步骤 04 弹出"另存为"对话框，在其中设置文件的保存位置及文件名称，如图2-16所示，单击"保存"按钮，即可保存项目文件。

图2-15　选择"另存为"命令　　　　　　　　　图2-16　设置位置和名称

2.2.4 保存为压缩文件

在会声会影2019中，用户可以将编辑的项目文件保存为压缩文件，还可以对压缩文件进行加密处理。下面介绍保存为压缩文件的操作方法。

扫描二维码获取文件资源	素材文件	素材\第2章\甜点小吃.VSP
	效果文件	效果\第2章\甜点小吃.zip
	视频文件	视频\第2章\2.2.4　保存为压缩文件.mp4

 实战精通8——甜点小吃

步骤 01 进入会声会影编辑器，打开一个项目文件，如图2-17所示。

步骤 02 在预览窗口中可以预览打开的项目效果，如图2-18所示。

图2-17　打开项目文件

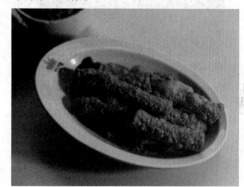

图2-18　预览项目效果

步骤 03 在菜单栏上选择"文件"|"智能包"命令，如图2-19所示。

步骤 04 弹出提示信息框，单击"是"按钮，如图2-20所示。

图2-19　选择"智能包"命令

图2-20　单击"是"按钮

步骤 05 弹出"智能包"对话框，选中"压缩文件"单选按钮，如图2-21所示。

步骤 06 更改文件夹路径后，单击"确定"按钮，弹出"压缩项目包"对话框，在其中选中"加密添加文件"复选框，如图2-22所示。

步骤 07 单击"确定"按钮，弹出"加密"对话框，在"请输入密码"文本框中输入密码"123456789"，在"重新输入密码"文本框中再次输入密码"123456789"，如图2-23所示。

步骤 08 单击"确定"按钮，开始压缩文件，弹出提示信息框，提示成功压缩，如图2-24所示，单击"确定"按钮，即可完成文件的压缩。

图2-21 选中"压缩文件"单选按钮

图2-22 选中"加密添加文件"复选框

图2-23 输入密码

图2-24 弹出提示信息框

2.3 掌握素材库应用技巧

在会声会影2019中,用户可以根据需要对素材库进行相应操作,包括加载视频素材、重命名素材文件、删除素材文件以及创建库项目等。下面介绍应用素材库的基本操作方法。

2.3.1 加载视频素材

在会声会影2019中,用户可以在"视频"素材库中加载需要的视频素材。下面介绍加载视频素材的操作方法。

扫描二维码 获取文件资源	素材文件	素材\第2章\江中美景.mpg
	效果文件	无
	视频文件	视频\第2章\2.3.1 加载视频素材.mp4

实战精通9——江中美景

步骤 01 进入会声会影编辑器，在"媒体"素材库中单击"显示视频"按钮，显示程序默认的视频素材，如图2-25所示。

步骤 02 在下方的空白位置单击鼠标右键，在弹出的快捷菜单中选择"插入媒体文件"命令，如图2-26所示。

图2-25　显示程序默认的视频素材

图2-26　选择"插入媒体文件"命令

> 在会声会影2019中，用户还可以通过以下3种方法将视频导入素材库中。
> - 在"媒体"素材库中，单击"导入媒体文件"按钮。
> - 在菜单栏上选择"文件"|"将媒体文件插入到素材库"|"插入视频"命令。
> - 在打开会声会影2019的状态下，直接在目标文件夹中选中需要插入的视频文件，将其拖曳至素材库中。

步骤 03 弹出"浏览媒体文件"对话框，在其中选择需要加载的视频素材，如图2-27所示。

步骤 04 单击"打开"按钮，即可将视频素材导入"视频"素材库中，如图2-28所示。

图2-27　选择需要加载的视频素材

图2-28　导入"视频"素材库中

步骤 05 单击导览面板中的"播放"按钮，即可预览加载的视频效果，如图2-29所示。

图2-29 预览视频效果

2.3.2 重命名素材文件

在会声会影2019中，用户可以根据需要在"媒体"素材库中重命名素材文件。下面介绍重命名素材文件的操作方法。

扫描二维码获取文件资源	素材文件	素材\第2章\素材1.jpg
	效果文件	无
	视频文件	视频\第2章\2.3.2　重命名素材文件.mp4

实战精通10——可爱动物

步骤 01 进入会声会影编辑器，在"媒体"素材库中单击"显示照片"按钮，显示程序默认的照片素材，如图2-30所示。

步骤 02 在"照片"素材库中，选择需要重命名的素材，然后在该素材名称处单击鼠标左键，素材的名称呈可编辑状态，如图2-31所示。

图2-30　显示程序默认的照片素材　　　　图2-31　呈可编辑状态

步骤 03 删除素材本身的名称，输入新的名称"可爱动物"，如图2-32所示。

步骤 04 执行上述操作后，按【Enter】键确认，即可重命名素材文件，如图2-33所示。

图2-32　输入名称

图2-33　重命名素材文件

2.3.3 ‖ 删除素材文件

在会声会影2019中，当素材库中的素材过多或某些素材不再需要时，用户便可将此类素材删除，以提高工作效率。下面介绍删除素材文件的操作方法。

扫描二维码 获取文件资源	素材文件	素材\第2章\山间美景.jpg
	效果文件	无
	视频文件	视频\第2章\2.3.3　删除素材文件.mp4

🔍 **实战精通11——山间美景** ➡

🔍**步骤 01** 进入会声会影编辑器，在"照片"素材库中添加需要的照片素材，如图2-34所示。

🔍**步骤 02** 在预览窗口中可预览添加的素材效果，如图2-35所示。

🔍**步骤 03** 在素材库中选择需要删除的素材文件，单击鼠标右键，在弹出的快捷菜单中选择"删除"命令，如图2-36所示。

🔍**步骤 04** 弹出提示信息框，提示用户是否确认操作，如图2-37所示，单击"是"按钮，即可删除素材库中选择的素材文件。

图2-34　添加需要的照片素材

图2-35　预览素材效果

图2-36　选择"删除"命令

图2-37　弹出提示信息框

专家指点

在会声会影2019中，用户还可以直接选中需要删除的素材文件，按【Delete】键，即可将其删除。

2.3.4 ‖ 创建库项目

在会声会影2019版本中，为了减少显示空间，单击库导航面板右上角的"固定"按钮 ，可以将库导航面板隐藏起来，将鼠标向左移动，即可重新显示库导航面板。用户可以根据需要在"媒体"素材库中创建库项目，方便影片的操作。下面介绍创建库项目的操作方法。

扫描二维码 获取文件资源	素材文件	无
	效果文件	无
	视频文件	视频\第2章\2.3.4　创建库项目.mp4

🔍 实战精通12——创建库项目 ▶

步骤 01 进入会声会影编辑器，在"媒体"素材库中，向左移动鼠标指针至"媒体"按钮上，显示左侧的库导航面板，单击右上角的"固定"按钮■，固定库导航面板，如图2-38所示。

步骤 02 在面板中单击"添加"按钮，如图2-39所示。

图2-38　显示库导航面板

图2-39　单击"添加"按钮

步骤 03　执行上述操作后，即可创建一个"文件夹"库项目，如图2-40所示。

步骤 04　删除项目本身的名称，输入新的名称"公司年会文件"，按【Enter】键确认，即可
　　　　完成库项目的创建，如图2-41所示。

图2-40　创建库项目

图2-41　输入名称

◀ 2.3.5 ▌为素材库中的素材排序 ▶

在会声会影2019中，用户有时需要对"媒体"素材库中的素材进行排序，方便对素材的操作。下面介绍为素材库中的素材排序的操作方法。

扫描二维码 获取文件资源	素材文件	素材\第2章\岩洞奇景.jpg
	效果文件	无
	视频文件	视频\第2章\2.3.5　为素材库中的素材排序.mp4

🔍 **实战精通13——岩洞奇景** ▶

步骤 01　进入会声会影编辑器，在"照片"素材库中添加一张照片素材，如图2-42所示。

步骤 02　在预览窗口中，可以预览添加的素材图像效果，如图2-43所示。

图2-42　添加素材图像

图2-43　预览图像效果

步骤 03　在"照片"素材库中，单击"对素材库中的素材排序"按钮，在弹出的下拉列表
　　　　框中选择"按日期排序"选项，如图2-44所示。

步骤 04　执行上述操作后，图像素材即可按照日期进行排序，如图2-45所示。

图2-44 选择"按日期排序"选项

图2-45 按照日期进行排序

◀ 2.3.6 设置素材显示方式 ▶

在会声会影2019中，用户可以根据需要对"媒体"素材库中的素材设置视图的显示方式，方便对素材的预览。下面介绍设置素材库中视图显示方式的操作方法。

扫描二维码 获取文件资源	素材文件	素材\第2章\阳光正好.jpg
	效果文件	无
	视频文件	视频\第2章\2.3.6 设置素材显示方式.mp4

🔍 实战精通14——阳光正好 ➡

🔍**步骤 01** 进入会声会影编辑器，在"照片"素材库中添加"阳光正好"素材图像文件，如图2-46所示。

🔍**步骤 02** 在预览窗口中可预览添加的素材图像效果，如图2-47所示。

图2-46 添加素材图像

图2-47 预览图像效果

🔍**步骤 03** 在"照片"素材库中单击"列表视图"按钮▤，如图2-48所示。

🔍**步骤 04** 图像素材即可以列表视图的方式进行排序，并显示素材的名称、类型以及拍摄日期，如图2-49所示。

图2-48 单击"列表视图"按钮

图2-49 以列表视图方式显示

2.3.7 为视频添加3D标记

在会声会影2019的"媒体"素材库中，用户可以将3D视频文件标记为3D，这样有助于区别其他的视频文件类型。为视频添加3D标记的方式有以下两种。

- 在素材库中的视频文件上单击鼠标右键，在弹出的快捷菜单中选择"标记为3D"命令，如图2-50所示。
- 在视频轨中的视频文件上单击鼠标右键，在弹出的快捷菜单中选择"标记为3D"命令，如图2-51所示。

图2-50 选择"标记为3D"命令1

图2-51 选择"标记为3D"命令2

使用以上任意一种方法，均可弹出"3D设置"对话框，在其中选择"并排-从左到右"选项，设置3D的类型，如图2-52所示。设置完成后，单击"确定"按钮，此时素材库中的视频左下角将显示3D标记，表示该视频为3D文件，如图2-53所示。

图2-52 设置3D的类型

图2-53 左下角将显示3D标记

2.4 掌握3大视图模式

会声会影2019提供了3种可选择的视频编辑视图模式，分别为故事板视图、时间轴视图和混音器视图，每一种视图都有其特有的优势，不同的视图模式都可以应用于不同项目文件的编辑操作。本节主要向读者介绍在会声会影2019中切换编辑视图模式的操作方法。

◀ 2.4.1 ‖ 故事板视图

故事板视图是一种简单明了的编辑模式，用户只需从素材库中直接将素材用鼠标拖曳至视频轨中即可。在该视图模式中，每一张缩略图代表了一张图片、一段视频或一个转场效果，图片下方的数字表示该素材区间。在该视图模式中编辑视频时，用户只需选择相应的视频文件，在预览窗口中进行编辑，从而轻松实现对视频的编辑操作，用户还可以在故事板中用鼠标拖曳缩略图顺序。

扫描二维码 获取文件资源	素材文件	无
	效果文件	无
	视频文件	视频\第2章\2.4.1　故事板视图.mp4

🔍 实战精通15——故事板视图 ▶

🔍 **步骤 01** 进入会声会影编辑器，系统默认状况下视图模式为"时间轴视图"，如图2-54所示。

🔍 **步骤 02** 单击视图面板左上方的"故事板视图"按钮，即可将视图模式切换至"故事板视图"，如图2-55所示。

图2-54 "时间轴视图"模式　　　　图2-55 "故事板视图"模式

专家指点

在故事板视图中，无法显示覆叠轨中的素材，也无法显示标题轨中的字幕素材，故事板视图只能显示视频轨中的素材画面，以及素材的区间长度，如果用户为素材添加了转场效果，还可以显示添加的转场特效。

◀ 2.4.2 ‖ 时间轴视图

时间轴视图是会声会影2019中最常用的编辑模式，相对比较复杂，但是其功能强大。在时间轴编辑模式下，用户不仅可以对标题、字幕、音频等素材进行编辑，而且还可在以"帧"为单位的精度下对素材进行精确编辑，是用户精确编辑视频的最佳形式。

扫描二维码获取文件资源	素材文件	素材\第2章\命运之夜.VSP
	效果文件	无
	视频文件	视频\第2章\2.4.2　时间轴视图.mp4

🔍 **实战精通16——命运之夜** ▶

🔍**步骤 01** 进入会声会影编辑器，在菜单栏中选择"文件"|"打开项目"命令，打开一个项目文件，如图2-56所示。

🔍**步骤 02** 单击故事板上方的"时间轴视图"按钮，如图2-57所示，即可将视图模式切换至"时间轴视图"模式。

图2-56　打开项目文件

图2-57　切换至"时间轴视图"模式

🔍**步骤 03** 在预览窗口中，可以预览时间轴视图中的素材画面效果，如图2-58所示。

图2-58　预览效果

2.4.3 混音器视图

在会声会影2019中，混音器视图可以用来调整项目中声音轨和音乐轨中素材的音量大小，以及调整素材中特定点位置的音量，在该视图中用户还可以为音频素材设置淡入淡出、长回音、放大以及嘶声降低等特效。

扫描二维码 获取文件资源	素材文件	素材\第2章\桥的彼端.VSP
	效果文件	无
	视频文件	视频\第2章\2.4.3　混音器视图.mp4

实战精通17——桥的彼端

步骤 01 进入会声会影编辑器，在菜单栏中选择"文件"|"打开项目"命令，打开一个项目
文件，如图2-59所示。

步骤 02 单击时间轴上方的"混音器"按钮，如图2-60所示，即可将视图模式切换至混音
器视图模式。

图2-59　打开项目文件　　　　　　　图2-60　切换至混音器视图模式

专家指点

在会声会影2019工作界面中，如果用户再次单击"混音器"按钮，就可以返回
至故事板视图或时间轴视图中。

步骤 03 在预览窗口中，可以预览混音器视图中的素材画面效果，如图2-61所示。

图2-61　预览素材画面

第3章

甜蜜

下载与应用视频模板

学习提示

在会声会影2019中,提供了多种类型的主题模板,如图像模板、视频模板、即时项目模板、对象模板、边框模板以及其他各种类型的模板等,运用这些主题模板可以将大量生活和旅游照片制作成动态影片。本章主要向读者介绍下载与应用软件视频模板的方法,希望读者熟练掌握本章内容。

🗑 CLEAR　　⬆ SUBMIT

本章重点导航

- 实战精通18——旅途美景
- 实战精通19——树木风景
- 实战精通20——蒲公英
- 实战精通21——甜蜜一生
- 实战精通22——高速路口
- 实战精通23——精彩片头
- 实战精通24——最美雪乡

- 实战精通25——小狗赛跑
- 实战精通26——花丛摄影
- 实战精通27——停泊岸边
- 实战精通28——应用影音快手模板
- 实战精通29——添加影音素材
- 实战精通30——输出影音文件

🗑 CLEAR　　⬆ SUBMIT

3.1 下载与调用视频模板

在会声会影2019中，用户不仅可以使用软件自带的多种模板特效文件，还可以从其他渠道获取会声会影的模板。例如，通过IE浏览器进入会声会影官方网站，可以免费下载和使用官方网站中提供的视频模板文件，使用户制作的视频画面更加丰富多彩。此外还可以通过从相关论坛下载视频模板，并调入会声会影使用，本节主要向读者介绍下载与调用视频模板的操作方法。

3.1.1 ‖ 通过相关论坛下载视频模板

在互联网中受欢迎的会声会影论坛和博客有许多，用户可以从这些论坛和博客的相关帖子中下载网友分享的视频模板，一般都是免费提供，不需要付任何费用的。下面以DV视频编辑论坛为例，讲解下载视频模板的方法。

在IE浏览器中，打开DV视频编辑论坛的网址，在网页的上方单击"素材模板下载"标签，如图3-1所示。执行操作后，进入相应页面，在网页的中间显示了可供用户下载的多种会声会影模板文件，单击相应的模板超链接，如图3-2所示，在打开的网页中即可下载需要的视频模板。

图3-1 单击"素材模板下载"标签

图3-2 单击相应的模板超链接

专家指点

DV视频编辑论坛是国内注册会员量比较高的论坛网站，也是一个大型的非编软件网络社区论坛。如果用户在使用会声会影2019的过程中遇到了难以解决的问题，也可以在该论坛中发布相应的论坛帖子，寻求其他网友的帮助。

3.1.2 ‖ 将模板调入会声会影使用

当用户从网上下载会声会影模板后，接下来可以将模板调入会声会影2019中使用。下面介绍将模板调入会声会影2019的操作方法。

扫描二维码获取文件资源	素材文件	素材\第3章\旅途美景\UserTemplateStyle.vpt
	效果文件	无
	视频文件	视频\第3章\3.1.2　将模板调入会声会影使用.mp4

实战精通18——旅途美景

步骤 01 在界面的右上方单击"即时项目"按钮，进入"即时项目"素材库，单击上方的"导入一个项目模板"按钮，如图3-3所示。

步骤 02 执行操作后，弹出"选择一个项目模板"对话框，在其中选择用户之前下载的模板文件，一般为*.vpt格式，如图3-4所示。

图3-3　单击"导入一个项目模板"按钮

图3-4　选择之前下载的模板

步骤 03 单击"打开"按钮，将模板导入"即时项目"|"自定义"素材库中，在其中可以预览缩略图，如图3-5所示。

步骤 04 在导入的模板文件上按住鼠标左键并拖曳至视频轨中，即可应用即时项目模板，如图3-6所示。

图3-5　预览模板缩略图

图3-6　应用即时项目模板

专家指点　在会声会影2019中，用户也可以将自己制作好的会声会影项目导出为模板，分享给其他好友。方法很简单，只需在菜单栏中选择"文件"|"导出为模板"|"即时项目模板"命令，即可将项目导出为模板文件。

步骤 05 在导览面板中单击"播放"按钮,预览导入的模板效果,如图3-7所示。

图3-7 预览模板效果

3.2 应用图像和视频模板

在会声会影2019中提供了多种类型的模板,如图像模板、视频模板、即时项目模板、对象模板以及边框模板等,用户灵活运用这些主题模板可以将大量生活和旅游照片制作成动态影片。本节主要向读者介绍在会声会影2019中运用图像和视频模板的操作方法。

3.2.1 应用树木模板

在会声会影2019中,用户可以使用"照片"素材库中的树木模板制作优美的风景效果。下面介绍应用树木模板的操作方法。

扫描二维码获取文件资源	素材文件	无
	效果文件	效果\第3章\树木风景.VSP
	视频文件	视频\第3章\3.2.1 应用树木模板.mp4

🔍 **实战精通19——树木风景**

步骤 01 进入会声会影编辑器,单击"显示照片"按钮,如图3-8所示。

步骤 02 在"照片"素材库中,选择树木图像模板,如图3-9所示。

步骤 03 在树木图像模板上,按住鼠标左键并拖曳至时间轴面板中的适当位置后,释放鼠标左键,即可应用树木图像模板,如图3-10所示。

步骤 04 在预览窗口中,可以预览添加的树木模板效果,如图3-11所示。

图3-8　单击"显示照片"按钮

图3-9　选择树木图像模板

图3-10　应用树木图像模板

图3-11　预览树木模板效果

在会声会影2019中，单击工作界面上方的"显示照片"按钮，显示素材库中的照片素材，会声会影2019向读者提供了一些图像素材，用户可根据实际情况进行相应的添加与编辑操作。

3.2.2 ▍ 应用蒲公英模板

在会声会影2019中提供了蒲公英模板，用户可以将蒲公英模板应用到各种各样的风景照片中。下面介绍应用蒲公英模板的操作方法。

扫描二维码 获取文件资源	素材文件	无
	效果文件	效果\第3章\蒲公英.VSP
	视频文件	视频\第3章\3.2.2　应用蒲公英模板.mp4

实战精通20——蒲公英

步骤 01 进入会声会影编辑器，单击"显示照片"按钮，显示会声会影自带的图像模板，如图3-12所示。

步骤 02 在"照片"素材库中，选择蒲公英图像模板，如图3-13所示。

图3-12 单击"显示照片"按钮

图3-13 选择蒲公英图像模板

🔍 **步骤 03** 按住鼠标左键并拖曳至视频轨中的适当位置后，释放鼠标左键，添加蒲公英图像模板，如图3-14所示。

🔍 **步骤 04** 执行上述操作后，在预览窗口中即可预览蒲公英图像模板效果，如图3-15所示。

图3-14 添加蒲公英图像模板

图3-15 预览蒲公英图像模板效果

◀ 3.2.3 ‖ 应用气球模板 ▶

　　在会声会影2019中提供了气球模板，用户可以根据需要运用气球模板制作浪漫的画面效果。下面介绍应用气球模板的操作方法。

扫描二维码 获取文件资源	素材文件	素材\第3章\甜蜜一生.VSP
	效果文件	效果\第3章\甜蜜一生.VSP
	视频文件	视频\第3章\3.2.3 应用气球模板.mp4

🔍 **实战精通21——甜蜜一生** ▶

🔍 **步骤 01** 进入会声会影2019编辑器，在菜单栏中选择"文件"|"打开项目"命令，弹出"打开"对话框，在其中选择需要打开的项目文件，单击"打开"按钮，打开项目文件，在预览窗口中，可以查看项目效果，如图3-16所示。

🔍 **步骤 02** 在"媒体"素材库中，单击"显示视频"按钮，如图3-17所示。

🔍 **步骤 03** 在"视频"素材库中，选择气球视频模板，如图3-18所示。

🔍 **步骤 04** 按住鼠标左键并将其拖曳至视频轨中的开始位置，即可添加视频模板，如图3-19所示。

图3-16　打开项目文件

图3-17　单击"显示视频"按钮

图3-18　选择气球视频模板

图3-19　添加视频模板

Q步骤 05　单击导览面板中的"播放"按钮，预览视频模板效果，如图3-20所示。

图3-20　预览视频模板效果

3.2.4 || 应用电视模板

在会声会影2019中，用户可以使用"视频"素材库中的电视模板制作视频播放倒计时效果。下面介绍应用电视视频模板的操作方法。

扫描二维码 获取文件资源	素材文件	素材\第3章\高速路口.VSP
	效果文件	效果\第3章\高速路口.VSP
	视频文件	视频\第3章\3.2.4　应用电视模板.mp4

实战精通22——高速路口

步骤 01 进入会声会影编辑器，选择"文件"|"打开项目"命令，打开一个项目文件，如图3-21所示。

步骤 02 在预览窗口中，可以预览打开的项目效果，如图3-22所示。

图3-21　打开项目文件　　　　　　　　　图3-22　预览打开的项目效果

步骤 03 在"视频"素材库中，选择电视视频模板，如图3-23所示。

步骤 04 按住鼠标左键并将其拖曳至视频轨中的开始位置，释放鼠标左键即可添加视频模板，如图3-24所示。

图3-23　选择电视视频模板　　　　　　　图3-24　添加视频模板

步骤 05 执行上述操作后，单击导览面板中的"播放"按钮，预览电视视频模板动画效果，如图3-25所示。

图3-25　预览电视视频模板动画效果

3.3 应用即时项目模板

在会声会影2019中，即时项目不仅简化了手动编辑的步骤，而且提供了多种类型的即时项目模板，用户可根据需要选择不同的即时项目模板。本节主要介绍运用即时项目的操作方法。

3.3.1 应用"开始"项目模板

会声会影2019的向导模板可以应用于不同阶段的视频制作中，如"开始"向导模板，用户可将其添加在视频项目的开始处，制作成视频的片头。

扫描二维码 获取文件资源	素材文件	无
	效果文件	无
	视频文件	视频\第3章\3.3.1　应用"开始"项目模板.mp4

实战精通23——精彩片头

步骤 01　进入会声会影编辑器，在素材库的左侧单击"即时项目"按钮，如图3-26所示。

步骤 02　即可打开"即时项目"素材库，显示库导航面板，在面板中选择"开始"选项，如图3-27所示。

图3-26　单击"即时项目"按钮

图3-27　选择"开始"选项

步骤 03　在右侧选择IP-02模板，单击鼠标右键，在弹出的快捷菜单中选择"在开始处添加"命令，如图3-28所示。

步骤 04　执行上述操作后，即可将"开始"项目模板插入至时间轴面板中，如图3-29所示。

图3-28　选择"在开始处添加"命令

图3-29　插入至时间轴面板中

🔍步骤 05 单击导览面板中的"播放"按钮，预览影视片头效果，如图3-30所示。

图3-30 预览影视片头效果

3.3.2 ‖应用"当中"项目模板

在会声会影2019的"当中"向导中，提供了多种即时项目模板，每一个模板都提供了不一样的素材转场以及标题效果，用户可根据需要选择不同的模板应用到视频中。下面介绍应用"当中"项目模板的操作方法。

🔍步骤 01 进入会声会影编辑器，在素材库的左侧单击"即时项目"按钮，打开"即时项目"素材库，显示库导航面板，在面板中选择"当中"选项，如图3-31所示。在右侧选择IP-08模板，如图3-32所示。按住鼠标左键并将其拖曳至视频轨中，即可在时间轴面板中插入即时项目主题模板。

图3-31 选择"当中"选项

图3-32 选择相应模板

🔍步骤 02 执行上述操作后，单击导览面板中的"播放"按钮，预览即时项目模板效果，如图3-33所示。

图3-33 预览即时项目模板效果

3.3.3 ‖应用"结尾"项目模板

在会声会影2019的"结尾"向导中，用户可以将其添加在视频项目的结尾处，制作成专业的片尾动画效果。下面介绍应用"结尾"模板的操作方法。

🔍步骤 01 进入会声会影编辑器，在素材库的左侧位置单击"即时项目"按钮，如图3-34所示。切换至"即时项目"素材库，在库导航面板中选择"结尾"选项，如图3-35所示。

图3-34　单击"即时项目"按钮

图3-35　选择"结尾"选项

步骤 02 进入"结尾"素材库，在该素材库中选择IP-04结尾项目模板，如图3-36所示。按住鼠标左键并将其拖曳至视频轨中，即可在时间轴面板中插入"结尾"项目模板，如图3-37所示。

图3-36　选择相应的结尾项目模板

图3-37　插入"结尾"项目模板

步骤 03 执行上述操作后，单击导览面板中的"播放"按钮，预览结尾即时项目模板效果，如图3-38所示。

图3-38　预览结尾即时项目模板效果

◀ 3.3.4 ‖ 应用"完成"项目模板 ▶

在会声会影2019中，除了上述3种向导外，还为用户提供了"完成"向导模板，在该向导中，用户可以选择相应的视频模板并将其应用到视频制作中。下面介绍应用"完成"项目模板的操作方法。

步骤 01 进入会声会影编辑器，在素材库的左侧单击"即时项目"按钮，打开"即时项目"素材库，显示库导航面板，在面板中选择"完成"选项，如图3-39所示。在右侧选择IP-05模板，按住鼠标左键并将其拖曳至视频轨中，即可在时间轴面板中插入"完成"项目主题模板,如图3-40所示。

图3-39 选择"完成"选项

图3-40 插入相应模板

专家指点

在会声会影2019中,用户还可以根据需要将其他的"完成"即时项目模板拖曳至时间轴面板中进行应用。

步骤 02 执行上述操作后,单击导览面板中的"播放"按钮,预览即时项目模板效果,如图3-41所示。

图3-41 预览即时项目模板效果

3.4 应用其他模板文件

在会声会影2019中,除了图像模板和视频模板外,还有很多其他主题模板可供使用,如对象模板、边框模板等。在编辑视频时,可以适当添加这些模板,让制作的视频更加丰富多彩。本节主要介绍4种其他模板的应用方法。

◀ 3.4.1 ‖ 应用对象模板

在会声会影2019中,提供了多种类型的对象主题模板,用户可以根据需要将对象主题模板应用到所编辑的视频中,使视频画面更加美观。下面介绍运用对象模板制作最美雪乡实例的操作方法。

扫描二维码 获取文件资源	素材文件	素材\第3章\最美雪乡.jpg
	效果文件	效果\第3章\最美雪乡.VSP
	视频文件	视频\第3章\3.4.1 应用对象模板.mp4

实战精通24——最美雪乡

步骤 01 进入会声会影编辑器，在视频轨中插入一幅素材图像，如图3-42所示。

步骤 02 在预览窗口中可预览图像效果，如图3-43所示。

图3-42　插入素材图像

图3-43　预览图像效果

步骤 03 单击"图形"按钮，切换至"图形"选项卡，单击窗口上方的"画廊"按钮，在弹出的列表框中选择"对象"选项，如图3-44所示。

步骤 04 打开"对象"素材库，其中显示了多种类型的对象模板，在其中选择OB-25模板，如图3-45所示。

图3-44　选择"对象"选项

图3-45　选择对象模板

步骤 05 按住鼠标左键并拖曳至覆叠轨中的开始位置，释放鼠标左键，即可添加对象模板，如图3-46所示。

步骤 06 在预览窗口中调整对象素材的大小和位置，即可预览添加对象模板的效果，如图3-47所示。

图3-46　添加对象模板

图3-47　预览对象模板效果

专家指点

在会声会影2019的"对象"素材库中,提供了多种对象素材供用户选择和使用。用户需要注意的是,对象素材需添加至覆叠轨中,才能任意调整其大小和位置。

◀ 3.4.2 ‖ 应用边框模板 ▶

在会声会影2019中编辑影片时,适当为素材添加边框模板,可以制作出绚丽多彩的视频作品。下面介绍应用边框模板的操作方法。

扫描二维码 获取文件资源	素材文件	素材\第3章\小狗赛跑.VSP
	效果文件	效果\第3章\小狗赛跑.VSP
	视频文件	视频\第3章\3.4.2 应用边框模板.mp4

🔍 **实战精通25——小狗赛跑** ▶

🔍 **步骤 01** 进入会声会影编辑器,打开一个项目文件,如图3-48所示。

🔍 **步骤 02** 在预览窗口中可以预览图像效果,如图3-49所示。

图3-48 打开项目文件　　　　　　　　　　图3-49 预览图像效果

🔍 **步骤 03** 在素材库的左侧单击"图形"按钮,切换至"图形"素材库,单击窗口上方的"画廊"按钮,在弹出的列表框中选择"边框"选项,如图3-50所示。

🔍 **步骤 04** 打开"边框"素材库,其中显示了多种类型的边框模板,在其中选择FR-C04边框模板,如图3-51所示。

图3-50 选择"边框"选项　　　　　　　图3-51 选择FR-C04边框模板

步骤 05 在边框模板上单击鼠标右键，在弹出的快捷菜单中选择"插入到"|"覆叠轨#1"命令，如图3-52所示。

步骤 06 执行操作后，即可将FR-C04边框模板插入覆叠轨1中，如图3-53所示。

图3-52 选择"覆叠轨#1"命令

图3-53 插入覆叠轨1中

步骤 07 在预览窗口中调整边框的大小和位置，即可预览添加的边框模板效果，如图3-54所示。

图3-54 预览边框模板效果

3.4.3 应用动画模板

在会声会影2019中，提供了多种样式的动画模板，用户可根据需要进行相应的选择，将其添加至覆叠轨或视频轨中，使制作的影片效果更加漂亮。下面介绍应用动画模板的操作方法。

扫描二维码 获取文件资源	素材文件	素材\第3章\花丛摄影.VSP
	效果文件	效果\第3章\花丛摄影.VSP
	视频文件	视频\第3章\3.4.3 应用动画模板.mp4

实战精通26——花丛摄影

步骤 01 进入会声会影编辑器，选择"文件"|"打开项目"命令，打开一个项目文件，如图3-55所示。

步骤 02 在预览窗口中可预览打开的项目效果，如图3-56所示。

步骤 03 单击"图形"按钮，切换至"图形"选项卡，单击窗口上方的"画廊"按钮，在弹出的列表框中选择"动画"选项，如图3-57所示。

步骤 04 打开"动画"素材库，其中显示了多种类型的动画模板，在其中选择FL-F03动画模板，如图3-58所示。

图3-55　打开项目文件

图3-56　预览项目效果

图3-57　选择"动画"选项

图3-58　选择相应动画模板

🔍 **步骤 05** 按住鼠标左键并拖曳至覆叠轨中，即可添加动画模板，如图3-59所示。

🔍 **步骤 06** 在预览窗口中可以调整模板大小，预览动画模板效果，如图3-60所示。

图3-59　添加动画模板

图3-60　预览动画模板效果

◀ 3.4.4 ‖ 应用颜色模板 ▶

在会声会影2019中的照片素材上，用户可以根据需要应用色彩模板效果。下面介绍运用色彩模板制作视频画面的操作方法。

扫描二维码 获取文件资源	素材文件	素材\第3章\停泊岸边.VSP
	效果文件	效果\第3章\停泊岸边.VSP
	视频文件	视频\第3章\3.4.4　应用颜色模板.mp4

实战精通27——停泊岸边

步骤 01 进入会声会影编辑器，选择"文件"|"打开项目"命令，打开一个项目文件，如图3-61所示。

步骤 02 在素材库的左侧单击"图形"按钮，切换至"图形"选项卡，单击窗口上方的"画廊"按钮，在弹出的列表框中选择"颜色"选项，如图3-62所示。

图3-61 打开项目文件

图3-62 选择"颜色"选项

步骤 03 切换至"颜色"素材库，其中显示了多种颜色模板，在其中选择浅蓝色模板，如图3-63所示。

步骤 04 按住鼠标左键并拖曳至视频轨中的适当位置，添加颜色模板，如图3-64所示。

图3-63 选择浅蓝色模板

图3-64 添加颜色模板

步骤 05 在素材库左侧单击"转场"按钮，进入"转场"素材库，在"过滤"素材库中选择"交叉淡化"转场效果，如图3-65所示。

步骤 06 将选择的转场效果拖曳至视频轨中的素材与颜色色块之间，添加"交叉淡化"转场效果，如图3-66所示。

图3-65 选择"交叉淡化"转场效果

图3-66 添加"交叉淡化"转场效果

步骤 07 单击导览面板中的"播放"按钮，预览颜色模板效果，如图3-67所示。

图3-67 预览颜色模板效果

3.5 应用影音快手制作视频

影音快手模板功能非常适合新手，可以让新手快速、方便地制作出视频画面，还可以制作出非常专业的影视短片效果。本节主要介绍运用影音快手模板制作视频画面的方法。

◀ 3.5.1 ‖ 应用影音快手模板 ▶

影音快手模板在会声会影2019版本中进行了更新，模板内容更加丰富，该功能非常适合新手，可以让新手快速、方便地制作出视频画面。

扫描二维码 获取文件资源	素材文件	无
	效果文件	无
	视频文件	视频\第3章\3.5.1 应用影音快手模板.mp4

🔍 **实战精通28——应用影音快手模板**

步骤 01 进入会声会影编辑器，选择"工具"|"影音快手"命令，如图3-68所示。

步骤 02 执行操作后，即可进入影音快手工作界面，如图3-69所示。

图3-68 选择"影音快手"命令　　　　图3-69 进入影音快手工作界面

步骤 03 在右侧的"所有主题"列表框中，选择一种视频主题样式，如图3-70所示。

步骤 04 在左侧的预览窗口下方，单击"播放"按钮，如图3-71所示。

图3-70　选择一种视频主题样式　　　　　　图3-71　单击"播放"按钮

步骤 05 在预览窗口中，预览视频效果，如图3-72所示。

图3-72　预览模板效果

> 当用户安装好会声会影2019软件后，在系统桌面上会自动生成一个影音快手的快捷方式图标，用户直接在桌面上双击影音快手的快捷方式，即可启动影音快手。

3.5.2 添加影音素材

当用户选择好影音模板后，接下来用户需要在模板中添加需要的影视素材，使制作的视频画面更加符合用户的需求。

扫描二维码获取文件资源	素材文件	素材\第3章\孩子1.jpg、孩子2.jpg
	效果文件	无
	视频文件	视频\第3章\3.5.2　添加影音素材.mp4

实战精通29——添加影音素材

步骤 01 单击上一案例步骤2中的"添加媒体"按钮，如图3-73所示。

步骤 02 打开相应面板,单击右侧的"添加媒体"按钮,如图3-74所示。

图3-73 单击"添加媒体"按钮　　　　　　　图3-74 单击右侧的"添加媒体"按钮

步骤 03 弹出"添加媒体"对话框,在其中选择需要添加的媒体文件,如图3-75所示。

步骤 04 单击"打开"按钮,将媒体文件添加到"Corel影音快手"界面中,在右侧显示了新增的媒体文件,如图3-76所示。

图3-75 选择媒体文件　　　　　　　图3-76 显示了新增的媒体文件

专家指点

在影音快手中,用户除了可以采用单击"添加媒体"按钮的方法添加媒体文件外,还可以直接在源文件夹内选中需要添加的媒体文件,直接拖曳至影音快手的素材库中。

步骤 05 在左侧预览窗口下方,单击"播放"按钮,预览更换素材后的影片模板效果,如图3-77所示。

图3-77 预览更换素材后的影片模板效果

3.5.3 ┃ 输出影音文件

当用户选择好影音模板并添加相应的视频素材后，最后一步即为输出制作的影视文件，使其可以在任意播放器中进行播放，并永久珍藏。

扫描二维码 获取文件资源	素材文件	无
	效果文件	效果\第3章\成长记录.mpg
	视频文件	视频\第3章\3.5.3　输出影音文件.mp4

实战精通30——输出影音文件

步骤 01 单击上一案例步骤4中的"保存和共享"按钮，如图3-78所示。

步骤 02 打开相应面板，在右侧单击MPEG-2按钮，如图3-79所示，将视频文件导出为MPEG格式。

图3-78　单击"保存和共享"按钮

图3-79　单击MPEG-2按钮

步骤 03 单击"文件位置"右侧的"浏览"按钮，弹出"另存为"对话框，在其中设置视频文件的输出位置，为文件命名为"成长记录"，如图3-80所示。

步骤 04 单击"保存"按钮，完成视频输出属性的设置，返回影音快手界面，在左侧单击"保存电影"按钮，如图3-81所示。

图3-80　设置视频输出属性

图3-81　单击"保存电影"按钮

步骤 05 开始输出渲染视频文件，并显示输出进度，如图3-82所示。

🔍**步骤 06** 视频输出完成后，弹出提示信息框，提示用户影片已经输出成功，单击"确定"按钮，如图3-83所示，即可完成操作。

图3-82　显示输出进度　　　　　　　　　　　　　　图3-83　单击"确定"按钮

视频剪辑篇

第4章

捕获与添加媒体素材

学习提示

　　在通常情况下，视频编辑的第一步是捕获视频素材。所谓捕获视频素材就是从摄像机、电视等视频源获取视频数据，然后通过视频捕获卡或者通过USB接收，最后将视频信号保存至计算机的硬盘中。本章主要向读者介绍图像和视频素材的捕获方法。

 CLEAR　　 SUBMIT

本章重点导航

- 实战精通31——设置捕获参数
- 实战精通32——捕获静态图像
- 实战精通33——将DV中的视频复制到计算机中
- 实战精通34——长沙机场
- 实战精通35——从安卓手机中捕获视频

- 实战精通36——从苹果手机中捕获视频
- 实战精通37——从iPad中捕获视频
- 实战精通38——水中老虎
- 实战精通39——仿古建筑
- 实战精通40——水车特效

 CLEAR　　SUBMIT

4.1 捕获视频素材

会声会影2019的捕获功能比较强大，用户在捕获DV视频时，可以将其中的一帧图像捕获成静态图像。本节主要介绍捕获视频素材的操作方法。

4.1.1 设置捕获参数

在捕获图像前，首先需要对捕获参数进行设置。用户只需在菜单栏中进行相应操作，即可快速完成参数的设置。下面介绍捕获参数设置的操作方法。

扫描二维码获取文件资源	素材文件	无
	效果文件	无
	视频文件	视频\第4章\4.1.1　设置捕获参数.mp4

实战精通31——设置捕获参数

步骤 01 进入会声会影编辑器，在菜单栏上选择"设置"|"参数选择"命令，弹出"参数选择"对话框，切换至"捕获"选项卡，如图4-1所示。

步骤 02 在对话框中单击"捕获格式"右侧的下拉按钮，在弹出的列表框中选择JPEG选项，如图4-2所示，设置完成后，单击"确定"按钮，即可完成捕获参数的设置。

图4-1　切换至"捕获"选项卡

图4-2　选择JPEG选项

捕获的图像长宽取决于原始视频，如PAL DV视频是720×576像素。图像格式可以是BITMAP或JPEG，默认选项为BITMAP，它的图像质量要比JPEG好，但是文件较大。在"参数选择"对话框中选中"捕获去除交织"复选框，捕获图像时将使用固定的分辨率，而非采用交织型图像的渐进式图像分辨率，这样捕获后的图像就不会产生锯齿。

4.1.2 ‖ 捕获静态图像

在DV视频中捕获静态图像画面的方法很简单,下面向读者进行简单介绍。

实战精通32——捕获静态图像

步骤 01 进入会声会影编辑器,切换至"捕获"步骤面板,单击选项面板中的"捕获视频"按钮,如图4-3所示。

步骤 02 进入下一个"捕获"选项面板,在导览面板中通过单击"播放"和"暂停"按钮,寻找需要抓拍快照的DV视频起始位置,如图4-4所示。

图4-3 单击"捕获视频"按钮

图4-4 进入下一个"捕获"选项面板

步骤 03 在"捕获"选项面板中,单击"抓拍快照"按钮,如图4-5所示。

步骤 04 执行操作后,即可抓拍DV视频中的静态画面,在素材库中显示了抓拍的快照缩略图,如图4-6所示。

图4-5 单击"抓拍快照"按钮

步骤 05 切换至"编辑"步骤面板,在故事板中显示了抓拍的静态图像,完成捕获静态图像画面的操作,如图4-7所示。

图4-6 抓拍DV视频中的静态画面

图4-7 完成捕获静态图像画面

专家指点 在捕获图像画面前,用户需要先将外部拍摄器连接在计算机上,否则无法在会声会影中执行捕获。

4.1.3 ▍将DV中的视频复制到计算机中

　　用户先将数据线连接DV与计算机，可以将拍摄好的视频文件复制到计算机的文件夹中。下面向读者介绍将DV中的视频复制到计算机中的操作方法。

实战精通33——将DV中的视频复制到计算机中

步骤 01　用户使用数据线连接DV摄像机与计算机，计算机中会弹出一个对话框，如图4-8所示。

步骤 02　在弹出的对话框中，单击"浏览文件"按钮，如图4-9所示。

图4-8　弹出对话框

图4-9　单击"浏览文件"按钮

步骤 03　单击"浏览文件"按钮后，会弹出一个详细信息对话框，如图4-10所示。

步骤 04　依次打开DV移动磁盘中的相应文件夹，选择DV中拍摄的视频文件，如图4-11所示。

图4-10　弹出详细信息对话框

图4-11　预览DV中的视频

步骤 05　在第3个视频文件上单击鼠标右键，在弹出的快捷菜单中选择"复制"命令，如图4-12所示，将复制的文件进行粘贴即可。

图4-12　选择"复制"命令

4.2 从各种设备捕获视频

在会声会影2019中，用户除了可以从DV摄像机中捕获视频素材以外，还可以从其他设备中捕获视频素材，如安卓手机、苹果手机等。本节主要介绍从其他设备中捕获视频素材的操作方法。

◀ 4.2.1 从计算机中插入视频 ▶

用户可以将DV中的视频复制到计算机中，当然也可以将计算机中的视频插入会声会影中。下面向读者介绍从计算机中插入视频的操作方法。

扫描二维码获取文件资源	素材文件	素材\第4章\长沙机场.mp4
	效果文件	效果\第4章\长沙机场.VSP
	视频文件	视频\第4章\4.2.1　从计算机中插入视频.mp4

🔍 **实战精通34——长沙机场** ▶

🔍 **步骤 01** 进入会声会影编辑器，在菜单栏中选择"文件"|"将媒体文件插入到时间轴"|"插入视频"命令，如图4-13所示。

🔍 **步骤 02** 选择"插入视频"命令后，会弹出"打开视频文件"对话框，选择需要打开的视频文件，如图4-14所示，单击"打开"按钮，插入视频。

🔍 **步骤 03** 在预览窗口中单击"播放"按钮，即可预览效果，如图4-15所示。

图4-13　选择"插入视频"命令

图4-14　弹出对话框

图4-15　预览效果

4.2.2 从安卓手机中捕获视频

安卓(Android)是一个基于Linux内核的操作系统，是Google公司公布的手机类操作系统。下面向读者介绍从安卓手机中捕获视频素材的操作方法。

实战精通35——从安卓手机中捕获视频

步骤 01 在Windows 7的操作系统中，打开"计算机"窗口，在安卓手机的内存磁盘上单击鼠标右键，在弹出的快捷菜单中选择"打开"命令，如图4-16所示。

步骤 02 依次打开手机移动磁盘中的相应文件夹，选择安卓手机拍摄的视频文件，如图4-17所示。

图4-16　选择"打开"命令　　　　　　　　图4-17　选择安卓手机拍摄的视频文件

步骤 03 在视频文件上单击鼠标右键，在弹出的快捷菜单中选择"复制"命令，复制视频文件，如图4-18所示。

步骤 04 进入"计算机"中的相应盘符，在合适位置上单击鼠标右键，在弹出的快捷菜单中选择"粘贴"命令，如图4-19所示。

图4-18　选择"复制"命令　　　　　　　　图4-19　选择"粘贴"命令

根据智能手机的类型和品牌不同，拍摄的视频格式也会不相同，但大多数拍摄的视频格式会声会影都支持，都可以导入会声会影编辑器中应用。

步骤 05 执行操作后，即可粘贴复制的视频文件，如图4-20所示。

步骤 06 将选择的视频文件拖曳至会声会影编辑器的视频轨中，即可应用安卓手机中的视频文件，如图4-21所示。

图4-20 粘贴复制的视频文件　　　　图4-21 应用安卓手机中的视频文件

步骤 07 在导览面板中单击"播放"按钮，预览安卓手机中拍摄的视频画面，如图4-22所示，完成安卓手机中视频的捕获操作。

图4-22 预览安卓手机中拍摄的视频画面

4.2.3 从苹果手机中捕获视频

iPhone、iPod Touch和iPad均使用由苹果公司研发的iOS操作系统(前身称为iPhone OS)，它是由Apple Darwin的核心发展出来的变体，负责在用户界面上提供平滑顺畅的动画效果。下面向读者介绍从苹果手机中捕获视频的操作方法。

实战精通36——从苹果手机中捕获视频

步骤 01 打开"计算机"窗口，在Apple iPhone移动设备上单击鼠标右键，在弹出的快捷菜单中选择"打开"命令，如图4-23所示。

步骤 02 打开苹果移动设备，在其中选择苹果手机的内存文件夹，单击鼠标右键，在弹出的快捷菜单中选择"打开"命令，如图4-24所示。

图4-23　选择"打开"命令

图4-24　选择"打开"命令

🔍**步骤 03**　依次打开相应的文件夹，选择苹果手机拍摄的视频文件，单击鼠标右键，在弹出的快捷菜单中选择"复制"命令，如图4-25所示，复制视频。

🔍**步骤 04**　进入"计算机"中的相应盘符，在合适位置上单击鼠标右键，在弹出的快捷菜单中选择"粘贴"命令，如图4-26所示。

图4-25　选择"复制"命令

图4-26　选择"粘贴"命令

🔍**步骤 05**　执行操作后，即可粘贴复制的视频文件，如图4-27所示。

🔍**步骤 06**　将选择的视频文件拖曳至会声会影编辑器的视频轨中，即可应用苹果手机中的视频文件，如图4-28所示。

图4-27　粘贴复制的视频文件

图4-28　应用苹果手机中的视频文件

步骤 07 在导览面板中单击"播放"按钮，预览苹果手机中拍摄的视频画面，如图4-29所示，完成苹果手机中视频的捕获操作。

图4-29 预览苹果手机中拍摄的视频画面

4.2.4 从iPad中捕获视频

iPad在欧美国家称为网络阅读器，国内俗称"平板电脑"，具备浏览网页、收发邮件、普通视频文件播放、音频文件播放、一些简单游戏等基本的多媒体功能。下面向读者介绍从iPad中采集视频的操作方法。

实战精通37——从iPad中捕获视频

步骤 01 用数据线将iPad与计算机连接，打开"计算机"窗口，在"便携设备"一栏中显示了用户的iPad设备，如图4-30所示。

步骤 02 在iPad设备上双击鼠标左键，依次打开相应的文件夹，如图4-31所示。

图4-30 显示了用户的iPad设备

图4-31 依次打开相应文件夹

步骤 03 在其中选择相应视频文件，单击鼠标右键，在弹出的快捷菜单中选择"复制"命令，如图4-32所示。

步骤 04 复制需要的视频文件，进入"计算机"中的相应盘符，在合适位置上单击鼠标右键，在弹出的快捷菜单中选择"粘贴"命令，如图4-33所示。

步骤 05 执行操作后，即可粘贴复制的视频文件，如图4-34所示。

步骤 06 将选择的视频文件拖曳至会声会影编辑器的视频轨中，即可应用iPad中的视频文件，如图4-35所示。

步骤 07 在导览面板中单击"播放"按钮，预览iPad中拍摄的视频画面，如图4-36所示，完成iPad中视频的捕获操作。

图4-32　选择"复制"命令

图4-33　选择"粘贴"命令

图4-34　粘贴复制的视频文件

图4-35　应用iPad中的视频文件

图4-36　预览iPad中拍摄的视频画面

4.3　添加媒体素材的技巧

除了可以从移动设备中捕获素材以外，还可以在会声会影2019的"编辑"步骤面板中添加各种不同类型的素材。本节主要介绍导入图像素材、视频素材、音频素材这3种素材的操作方法。

4.3.1　添加图像媒体素材

在会声会影中，用户能够将图像素材导入所编辑的项目中，并对单独的图像素材进行整合，制作成一个个内容丰富的电子相册。

扫描二维码 获取文件资源	素材文件	素材\第4章\水中老虎.jpg
	效果文件	效果\第4章\水中老虎.VSP
	视频文件	视频\第4章\4.3.1　添加图像媒体素材.mp4

实战精通38——水中老虎

步骤 01 进入会声会影编辑器，在时间轴面板中单击鼠标右键，在弹出的快捷菜单中选择"插入照片"命令，如图4-37所示。

步骤 02 弹出"浏览照片"对话框，选择需要打开的照片素材，如图4-38所示。

图4-37　选择"插入照片"命令

图4-38　选择需要打开的照片素材

步骤 03 单击"打开"按钮，即可将照片素材导入视频轨中，如图4-39所示。

步骤 04 在预览窗口中，可以预览制作的画面效果，如图4-40所示。

图4-39　导入视频轨中

图4-40　预览画面效果

4.3.2 添加视频媒体素材

在会声会影中，用户能够将视频素材导入所编辑的项目中，并对视频素材进行整合。

扫描二维码 获取文件资源	素材文件	素材\第4章\仿古建筑.mpg
	效果文件	效果\第4章\仿古建筑.VSP
	视频文件	视频\第4章\4.3.2　添加视频媒体素材.mp4

步骤 01 进入会声会影编辑器，在时间轴面板中单击鼠标右键，在弹出的快捷菜单中选择"插入视频"命令，如图4-41所示。

步骤 02 弹出"打开视频文件"对话框，选择需要打开的视频文件，如图4-42所示。

图4-41　选择"插入视频"命令　　　　图4-42　选择需要打开的视频文件

步骤 03 单击"打开"按钮，即可将视频素材导入视频轨中，如图4-43所示。

步骤 04 单击导览面板中的"播放"按钮，预览视频效果，如图4-44所示。

图4-43　导入视频素材　　　　　　　图4-44　预览视频效果

4.3.3 添加音频媒体素材

在会声会影中，用户可以应用相应的MP3音频素材至视频中，丰富视频内容。下面向读者介绍导入MP3音频素材的操作方法。

扫描二维码获取文件资源	素材文件	素材\第4章\水车特效.mpg、水车音乐.mp3
	效果文件	效果\第4章\水车特效.VSP
	视频文件	视频\第4章\4.3.3　添加音频媒体素材.mp4

步骤 01 进入会声会影编辑器，在时间轴面板中插入一段视频素材，如图4-45所示。

步骤 02 在时间轴面板的空白处单击鼠标右键，在弹出的快捷菜单中选择"插入音频"|"到

声音轨"命令,如图4-46所示。

图4-45 插入视频素材

图4-46 选择"到声音轨"命令

步骤 03 弹出"打开音频文件"对话框,选择需要打开的音频素材,如图4-47所示。

步骤 04 单击"打开"按钮,即可将音频素材导入声音轨中,如图4-48所示。

图4-47 选择需要打开的音频素材

图4-48 导入音频素材

步骤 05 单击导览面板中的"播放"按钮,即可预览视频效果并试听音乐,如图4-49所示。

图4-49 预览视频效果并试听音乐

4.4 管理时间轴轨道的方法

在会声会影2019的时间轴面板中有直接插入与删除轨道的功能,用户可以直接在会声会影界面的轨道面板中单击鼠标右键,在弹出的快捷菜单中选择相应的命令,直接对轨道进行添加或删除操作。在以前的会声会影版本中，用户只能在轨道管理器中进行操作。本节向读者介绍管理时间轴轨道的方法。

4.4.1 在时间轴中插入轨道

在会声会影2019的时间轴面板中，将鼠标指针移至覆叠轨图标上单击鼠标右键，在弹出的快捷菜单中选择"插入轨上方"命令，如图4-50所示。执行操作后，即可在选择的覆叠轨上方直接新增一条覆叠轨道，如图4-51所示。

图4-50 选择"插入轨上方"命令

图4-51 新增一条覆叠轨道

4.4.2 在时间轴中删除轨道

在会声会影2019的时间轴面板中，将鼠标指针移至需要删除的覆叠轨图标上单击鼠标右键，在弹出的快捷菜单中选择"删除轨"命令，如图4-52所示。执行操作后，即可将选择的覆叠轨道删除，如图4-53所示。

图4-52 选择"删除轨"命令

图4-53 删除覆叠轨

4.4.3 在时间轴中交换轨道

在会声会影2019中，用户可以对覆叠轨中的素材进行轨道交换操作，调整轨道中素材的叠放顺序。下面介绍在时间轴中交换轨道的操作方法。

扫描二维码 获取文件资源	素材文件	素材\第4章\大好河山.VSP
	效果文件	效果\第4章\大好河山.VSP
	视频文件	视频\第4章\4.4.3　在时间轴中交换轨道.mp4

实战精通41——大好河山

步骤 01　进入会声会影编辑器，选择"文件"|"打开项目"命令，打开一个项目文件，如图4-54所示。

步骤 02　在预览窗口中，可以预览打开的视频效果，如图4-55所示。

图4-54　打开项目文件

图4-55　预览打开的视频效果

步骤 03　在覆叠轨图标上单击鼠标右键，在弹出的快捷菜单中选择"交换轨"|"覆叠轨#2"命令，如图4-56所示。

步骤 04　执行操作后，即可交换覆叠轨道中素材的叠放顺序，如图4-57所示。

图4-56　选择"覆叠轨#2"命令

图4-57　交换轨道叠放顺序

步骤 05　在预览窗口中，可以预览交换轨道顺序后的视频效果，如图4-58所示。

图4-58　预览交换轨道顺序后的视频效果

第5章

编辑与调整媒体素材

学习提示

　　在会声会影2019中，用户可以对素材进行相应的编辑，使制作的影片更为生动、美观。在本章中主要介绍修整素材、添加摇动和缩放、制作抖音热门卡点视频、调整图像的色彩、使用运动追踪以及使用360视频编辑功能等内容。通过本章的学习，用户可以熟练编辑各种媒体素材。

🗑 CLEAR　　⬆ SUBMIT

本章重点导航

🗑 CLEAR　　⬆ SUBMIT

5.1 掌握修整图像素材的技巧

在会声会影2019中添加媒体素材后,有时需要对其进行编辑,以满足用户的需要。如设置素材的显示方式、调整素材声音等。本节主要介绍多种修整图像素材的技巧。

5.1.1 设置素材显示方式

在修整素材前,用户可以根据自己的需要将时间轴面板中的缩略图设置不同的显示模式,如仅略图显示模式、仅文件名显示模式以及缩略图和文件名显示模式。

扫描二维码 获取文件资源	素材文件	素材\第5章\城市风景.jpg
	效果文件	效果\第5章\城市风景.VSP
	视频文件	视频\第5章\5.1.1 设置素材显示方式.mp4

实战精通42——城市风景

步骤 01 进入会声会影编辑器,在视频轨中插入所需的素材图像,如图5-1所示。

步骤 02 在菜单栏上选择"设置"|"参数选择"命令,如图5-2所示。

图5-1 插入素材图像

图5-2 选择"参数选择"命令

步骤 03 弹出"参数选择"对话框,单击"素材显示模式"右侧的下拉按钮,弹出列表框,选择"仅略图"选项,如图5-3所示。

步骤 04 单击"确定"按钮,在时间轴中即可显示图像的缩略图,如图5-4所示。

图5-3 选择"仅略图"选项

图5-4 显示图像的缩略图

5.1.2 ‖ 调整素材的显示秩序

在会声会影2019中进行编辑操作时，用户可根据需要调整素材的显示秩序。下面介绍调整素材显示秩序的操作方法。

扫描二维码 获取文件资源	素材文件	素材\第5章\林荫美景1.jpg、林荫美景2.jpg
	效果文件	效果\第5章\林荫美景.VSP
	视频文件	视频\第5章\5.1.2　调整素材的显示秩序.mp4

 实战精通43——林荫美景

步骤 01 进入会声会影编辑器，在故事板中插入两幅素材图像，如图5-5所示。

图5-5　插入素材图像

步骤 02 在故事板中，选择需要移动的素材图像，如图5-6所示。

步骤 03 按住鼠标左键并拖曳至第一幅素材的前面，拖曳的位置将会显示一条竖线，表示素材将要放置的位置，释放鼠标左键，即可调整素材秩序，如图5-7所示。

图5-6　选择素材图像　　　　图5-7　调整素材秩序

专家指点

在会声会影2019中，用户不仅可以在故事板中调整素材的秩序，还可以在时间轴面板的视频轨中调整素材的秩序，调整的方法与故事板中的操作是一样的。

5.1.3 ‖ 调整素材屏幕尺寸　★进阶★

现在很多人都喜欢在闲暇时间用手机观看短视频。在会声会影2019编辑器中，用户可以使用导览面板中的编辑快捷工具直接在预览窗口中对项目素材进行尺寸调整，将屏幕尺寸调整为手机竖屏模式，这样操作更加方便快捷，不会因为尺寸问题影响视频清晰度，使用手机观看视频时，也不需要再调转手机横竖摆放，具体操作方法如下。

扫描二维码 获取文件资源	素材文件	素材\第5章\低头羞涩.jpg
	效果文件	效果\第5章\低头羞涩.VSP
	视频文件	视频\第5章\5.1.3　调整素材屏幕尺寸.mp4

🔍 **实战精通44——低头羞涩** ▶

🔍 **步骤 01** 进入会声会影编辑器，在视频轨中插入一张照片素材，在预览窗口中可以查看效果，如图5-8所示。

🔍 **步骤 02** 在导览面板中单击"更改项目宽高比"下拉按钮，在弹出的列表框中选择手机屏幕尺寸图标，如图5-9所示。

图5-8　插入一张照片素材

图5-9　选择手机屏幕尺寸图标

🔍 **步骤 03** 执行操作后，弹出项目属性更改信息提示框，单击"是"按钮，如图5-10所示。

🔍 **步骤 04** 执行操作后，即可查看屏幕竖屏尺寸效果，如图5-11所示。

图5-10　单击"是"按钮

图5-11　查看屏幕竖屏尺寸效果

◀ **5.1.4** ‖ 调整视频素材声音 ▶

使用会声会影2019对视频素材进行编辑时，为了使视频与背景音乐互相协调，用户可以根据需要对视频素材的声音进行调整。下面介绍调整视频素材声音的操作方法。

扫描二维码 获取文件资源	素材文件	素材\第5章\美丽小镇.mpg
	效果文件	效果\第5章\美丽小镇.VSP
	视频文件	视频\第5章\5.1.4　调整视频素材声音.mp4

实战精通45——美丽小镇

步骤 01 进入会声会影编辑器，在视频轨中插入所需的视频素材，如图5-12所示。

步骤 02 单击"显示选项面板"按钮，展开"编辑"选项面板，在"素材音量"数值框中输入30，如图5-13所示。

图5-12 插入视频素材

图5-13 输入数值

步骤 03 执行上述操作后，单击导览面板中的"播放"按钮，即可在预览窗口中预览视频效果并聆听音频声音，如图5-14所示。

图5-14 预览视频并聆听音频效果

5.1.5 分离视频与音频

在进行视频编辑时，有时需要将一段视频素材的视频部分和音频部分分离，然后替换其他的音频或者是对音频部分做进一步的调整。下面介绍分离视频与音频的操作方法。

扫描二维码 获取文件资源	素材文件	素材\第5章\云彩路灯.mpg
	效果文件	效果\第5章\云彩路灯.VSP
	视频文件	视频\第5章\5.1.5　分离视频与音频.mp4

实战精通46——云彩路灯

步骤 01 进入会声会影编辑器，在视频轨中插入一段视频素材，如图5-15所示。

步骤 02 选择视频素材，单击鼠标右键，在弹出的快捷菜单中选择"音频"|"分离音频"命令，如图5-16所示。

步骤 03 执行上述操作后，即可将视频与音频分离，如图5-17所示。

步骤 04 单击导览面板中的"播放"按钮，预览视频效果，如图5-18所示。

图5-15 插入视频素材

图5-16 选择"分离音频"命令

图5-17 将视频与音频分离

图5-18 预览视频效果

5.1.6 ‖ 调整视频素材区间

在会声会影2019中,用户可根据需要设置视频素材的区间大小,从而使视频素材的长度或长或短,使影片中的某画面实现快动作或者慢动作效果。

扫描二维码 获取文件资源	素材文件	素材\第5章\甜品小食.mpg
	效果文件	效果\第5章\甜品小食.VSP
	视频文件	视频\第5章\5.1.6 调整视频素材区间.mp4

实战精通47——甜品小食

步骤 01 进入会声会影编辑器,插入一段视频素材,如图5-19所示。

步骤 02 在"编辑"选项面板中单击"速度/时间流逝"按钮,如图5-20所示。

图5-19 插入视频素材

图5-20 单击"速度/时间流逝"按钮

步骤 03 弹出"速度/时间流逝"对话框,在"新素材区间"数值框中输入0:0:3:0,设置素材的区间长度,如图5-21所示。

步骤 04 单击"确定"按钮,即可调整视频素材的区间长度,在视频轨中可以查看视频素材的效果,如图5-22所示。

图5-21 设置素材的区间长度

图5-22 查看视频素材效果

专家指点

在"速度/时间流逝"对话框中,用户不仅可以在"新素材区间"数值框中通过输入数值的方式更改素材的时间长度,还可以单击右侧的上下微调按钮来调整时间参数。另外,在"速度"数值框中输入相应参数或拖曳下方的速度滑块,也可以调整视频的区间长度,使视频以慢速度或快速度的方式进行播放。

步骤 05 执行上述操作后,单击导览面板中的"播放"按钮,预览调整区间后的视频效果,如图5-23所示。

图5-23 预览视频效果

5.1.7 ‖ 组合多个视频片段

在会声会影2019中,用户可以将需要编辑的多个素材进行组合操作,然后可以对组合的素材进行批量编辑,这样可以提高视频剪辑的效率。下面介绍组合多个视频片段的方法。

扫描二维码 获取文件资源	素材文件	素材\第5章\姹紫嫣红.VSP
	效果文件	效果\第5章\姹紫嫣红.VSP
	视频文件	视频\第5章\5.1.7 组合多个视频片段.mp4

实战精通48——姹紫嫣红

步骤 01 进入会声会影编辑器,打开一个项目文件,如图5-24所示。

步骤 02 同时选择视频轨中的两个素材,在素材上单击鼠标右键,在弹出的快捷菜单中选择
"群组"|"分组"命令,如图5-25所示。

图5-24 打开项目文件

图5-25 选择"分组"命令

步骤 03 执行操作后,即可对素材进行组合操作,在"调整"滤镜素材库中,选择"视频摇
动和缩放"滤镜效果,如图5-26所示。

步骤 04 按住鼠标左键并拖曳至被组合的素材上,此时被组合的多个素材将同时应用相同的
滤镜,批量添加滤镜特效,素材缩略图的左上角显示了滤镜图标,如图5-27所示。

图5-26 选择"视频摇动和缩放"滤镜效果

图5-27 左上角显示了滤镜图标

步骤 05 在导览面板中单击"播放"按钮,预览组合编辑后的视频效果,如图5-28所示。

图5-28 预览组合编辑后的视频效果

5.1.8 || 取消组合视频片段

当用户对素材批量编辑完成后,可以将组合的素材进行取消组合操作,以还原单个视频文

件的属性。在需要取消组合的素材上单击鼠标右键，在弹出的快捷菜单中选择"群组"|"取消分组"命令，如图5-29所示，即可取消组合。选择单个视频文件的效果如图5-30所示。

图5-29 选择"取消分组"命令

图5-30 选择单个视频文件

5.2 掌握添加摇动和缩放的技巧

在会声会影2019中，用户还可以根据需要为图像素材添加摇动和缩放效果，使静态图像或放大、或缩小、或平移变为动态图像。本节主要介绍添加默认摇动和缩放、自定义摇动和缩放的方法。

5.2.1 使用默认摇动和缩放

在会声会影2019中提供了多款摇动和缩放预设样式，用户使用默认的摇动和缩放效果，可以让静止的图像动起来，使制作的影片更加生动。下面介绍运用默认摇动和缩放的操作方法。

扫描二维码 获取文件资源	素材文件	素材\第5章\美丽帆船.jpg
	效果文件	效果\第5章\美丽帆船.VSP
	视频文件	视频\第5章\5.2.1　使用默认摇动和缩放.mp4

🔍 **实战精通49——美丽帆船** ▶

🔍 步骤 **01** 进入会声会影编辑器，在视频轨中插入一幅素材图像，如图5-31所示。

🔍 步骤 **02** 单击"选项"按钮，打开选项面板，在其中选中"摇动和缩放"单选按钮，单击该单选按钮下方的下拉按钮，在弹出的列表框中选择所需的样式，如图5-32所示，即可应用摇动和缩放效果。

专家指点

在会声会影2019中的摇动和缩放效果只能应用于图像素材，应用摇动和缩放效果可以使图像效果更加丰富。

在选项面板中选中"摇动和缩放"单选按钮后，单击下方的下拉按钮，在弹出的列表框中可拖曳右侧的滚动条，选择需要的摇动和缩放预设样式。

图5-31 插入素材图像

图5-32 选择所需的样式

步骤 03 执行上述操作后,单击导览面板中的"播放"按钮,预览默认摇动和缩放效果,如图5-33所示。

图5-33 预览默认摇动和缩放效果

5.2.2 自定义摇动和缩放

在会声会影2019中,为图像添加摇动和缩放效果后,用户还可以根据需要自定义摇动和缩放效果。下面介绍自定义摇动和缩放的操作方法。

扫描二维码 获取文件资源	素材文件	素材\第5章\美丽湖泊.jpg
	效果文件	效果\第5章\美丽湖泊.VSP
	视频文件	视频\第5章\5.2.2 自定义摇动和缩放.mp4

实战精通50——美丽湖泊

步骤 01 进入会声会影编辑器,在视频轨中插入一幅素材图像,如图5-34所示。

步骤 02 使用鼠标左键双击视频轨上的图像素材,展开"编辑"选项面板,设置"照片区间"为0:00:05:000,如图5-35所示。

图5-34 插入素材图像

图5-35 设置照片区间

步骤 03 选中"摇动和缩放"单选按钮，单击"自定义"按钮，如图5-36所示。

步骤 04 弹出"摇动和缩放"对话框，在其中设置"编辑模式"为"动画"、"垂直"为500、"水平"为416、"缩放率"参数为120，如图5-37所示。

图5-36　单击"自定义"按钮　　　　　　图5-37　设置相应参数

> **专家指点**
>
> 在会声会影2019编辑器下方的时间轴工具栏中，也可以单击"摇动和缩放"工具按钮，打开"摇动和缩放"对话框进行自定义设置。

步骤 05 将滑块拖曳到3秒的位置，单击"添加关键帧"按钮，添加一个关键帧，设置"垂直"为298、"水平"为736、"缩放率"为190，在"位置"选项组中单击右侧上方的按钮，如图5-38所示。

图5-38　设置相应参数

步骤 06 在3秒的关键帧上单击鼠标右键，在弹出的快捷菜单中选择"复制"命令，如图5-39所示。

图5-39　选择"复制"命令

步骤 07 选中最后一个关键帧，单击鼠标右键，在弹出的快捷菜单中选择"粘贴"命令，如

图5-40所示,粘贴复制的关键帧。

图5-40 选择"粘贴"命令

步骤 08 设置"垂直"为500、"水平"为228、"缩放率"为220,在"位置"选项组中单击第2行第1个方块按钮,单击"确定"按钮,如图5-41所示,即可完成设置。

图5-41 单击"确定"按钮

步骤 09 执行上述操作后,单击导览面板中的"播放"按钮,即可预览自定义摇动和缩放效果,如图5-42所示。

图5-42 预览自定义摇动和缩放效果

5.3 制作抖音热门卡点视频

在会声会影编辑器中,通过设置素材区间时长,可以制作出抖音热门卡点短视频效果,用户可以挑选一些旅游风景照、人像照、艺术照、日常生活照或者视频,在会声会影编辑器中制作。本节主要介绍如何制作静态卡点视频和动态卡点视频的操作。

5.3.1 ▌制作静态卡点视频 ★进阶★

抖音适合做卡点短视频的背景音乐，首选比较流行的*Hold On*(*Radio Edit*)，这首歌用户可以在会声会影2019中从32.16秒剪到1分11.10秒选段应用，对于短一些的视频，剪辑0~10秒左右的选段就可以了。下面向读者介绍使用这首歌从第34.16秒到42.4秒的选段制作的静态卡点视频技巧。

扫描二维码获取文件资源	素材文件	素材\第5章\"豆蔻年华"文件夹
	效果文件	效果\第5章\豆蔻年华.VSP
	视频文件	视频\第5章\5.3.1 制作静态卡点视频.mp4

实战精通51——豆蔻年华

步骤 01 进入会声会影编辑器，在视频轨中插入19张素材照片，在故事面板中可以查看效果，如图5-43所示。

图5-43 插入素材照片

步骤 02 切换至时间轴面板，当前所有照片素材为选中状态，在视频轨中的素材文件上单击鼠标右键，在弹出的快捷菜单中选择"更改照片区间"命令，如图5-44所示。

步骤 03 弹出"区间"对话框，在其中更改"区间"参数为0:0:0:10，如图5-45所示。

图5-44 选择"更改照片区间"命令

图5-45 更改"区间"参数

步骤 04 单击"确定"按钮，即可完成操作，时间轴面板如图5-46所示。

步骤 05 在预览窗口中，单击"播放"按钮，即可查看静态卡点视频效果，如图5-47所示。

图5-46 更改区间效果

图5-47 查看静态卡点视频效果

专家指点

制作完成后，用户可以将剪辑好的音频文件插入音乐轨中，配上音乐可以使视频更具有渲染度和节奏感。

5.3.2 ‖ 制作动态卡点视频 ★进阶★

在会声会影2019中，用户还可以截取*Hold On(Radio Edit)*的第32.15秒至42.12秒选段，通过调整素材区间、添加摇动和缩放效果，可以制作动态卡点视频，下面介绍具体的操作。

扫描二维码获取文件资源	素材文件	素材\第5章\"旅游摄影"文件夹
	效果文件	效果\第5章\旅游摄影.VSP
	视频文件	视频\第5章\5.3.2 制作动态卡点视频.mp4

🔍 **实战精通52——旅游摄影** ▶

步骤 01 进入会声会影编辑器，在视频轨中插入9张素材照片，在故事面板中可以查看效果，如图5-48所示。

插入

图5-48 插入素材照片

步骤 02 切换至时间轴面板，在视频轨中选中1.jpg素材，如图5-49所示。

步骤 03 双击素材文件，展开"编辑"选项面板，设置"照片区间"参数为0:00:02:000，如图5-50所示。

步骤 04 选中"摇动和缩放"单选按钮，单击"自定义"左侧的下拉按钮，在弹出的下拉列表框中选择第4行第1个预设样式，如图5-51所示。

步骤 05 使用同样的方法，设置2.jpg的"照片区间"为0:00:00:022、摇动样式为第2行第1个预设样式；设置3.jpg的"照片区间"为0:00:00:022、摇动样式为第1行第2个预设样式；设置4.jpg的"照片区间"为0:00:00:022、摇动样式为第2行第2个预设样式；设置5.jpg的"照片区间"为0:00:00:022、摇动样式为第1行第3个预设样式；设置6.jpg的"照片区间"为0:00:01:005、摇动样式为第3行第2个预设样式；设置7.jpg的"照片区间"为0:00:00:022、摇动样式为第1行第3个预设样式；设置8.jpg的"照片区间"为0:00:01:005、摇动样式为第2行第1个预设样式；设置9.jpg的"照片区间"为0:00:01:000、摇动样式为第2行第2个预设样式；设置完成后，在视频轨中调整素材文件至合适的位置，时间轴效果如图5-52所示。

图5-49　选中1.jpg素材

图5-50　设置"照片区间"参数

图5-51　选择第4行第1个预设样式

图5-52　调整素材文件至合适的位置

🔍**步骤 06**　在预览窗口中，单击"播放"按钮，可以查看动态效果，如图5-53所示。

图5-53　查看动态效果

5.4　调整图像颜色的技巧

　　会声会影2019拥有多种强大的颜色调整功能，使用色调、饱和度、亮度以及对比度等功能可以轻松调整图像的色相、饱和度、对比度和亮度，修正有颜色失衡、曝光不足或过度等缺陷的图像，甚至能为黑白图像上色，制作出更多特殊的图像效果。

5.4.1 ║ 调整图像色调 ★进阶★

在会声会影2019中，如果用户对照片的色调不太满意，可以重新调整照片的色调。下面介绍调整图像色调的操作方法。

扫描二维码获取文件资源	素材文件	素材\第5章\美丽花朵.jpg
	效果文件	效果\第5章\美丽花朵.VSP
	视频文件	视频\第5章\5.4.1　调整图像色调.mp4

实战精通53——美丽花朵

步骤 01 进入会声会影编辑器，在视频轨中插入所需的素材图像，在预览窗口中可以查看插入的素材图像效果，如图5-54所示。

步骤 02 双击视频轨中的素材图像，展开选项面板，单击"颜色"按钮，如图5-55所示。

图5-54　插入素材图像

图5-55　单击"颜色"按钮

步骤 03 切换至"颜色"选项面板，拖曳"色调"右侧的滑块，直至参数显示为-20，如图5-56所示。

步骤 04 执行上述操作后，即可在预览窗口中预览调整色调后的效果，如图5-57所示。

图5-56　拖曳滑块

图5-57　预览照片效果

5.4.2 ║ 调整图像曝光度

在会声会影2019中，当素材亮度过暗或过亮时，用户可以调整素材的曝光。下面介绍图像曝光的调整方法。

扫描二维码获取文件资源	素材文件	素材\第5章\悠长栅栏.jpg
	效果文件	效果\第5章\悠长栅栏.VSP
	视频文件	视频\第5章\5.4.2　调整图像曝光度.mp4

 实战精通54——悠长栅栏 ▶

步骤 01 进入会声会影编辑器，在视频轨中插入一幅素材图像，如图5-58所示。

步骤 02 展开"颜色"选项面板，如图5-59所示。

图5-58　插入素材图像

图5-59　展开"颜色"选项面板

步骤 03 在"颜色"选项面板中，拖曳"曝光度"右侧的滑块，直至参数显示为10，如图5-60所示。

步骤 04 执行上述操作后，在预览窗口中可以预览调整曝光度后的效果，如图5-61所示。

图5-60　向右拖曳滑块

图5-61　调整图像曝光效果

曝光度是指颜色的明暗程度，它通常使用-100~100的整数来调整。在正常光线下照射的色相，被定义为标准色相。一些亮度高于标准色相，称为该色相的高光；反之称为该色相的阴影。

5.4.3 ‖ 调整图像饱和度

在会声会影2019中，使用饱和功能可以调整整张照片或单个颜色分量的色相、饱和度和亮度值，还可以同步调整照片中所有的颜色。下面介绍调整图像饱和度的操作方法。

扫描二维码 获取文件资源	素材文件	素材\第5章\创意空间.jpg
	效果文件	效果\第5章\创意空间.VSP
	视频文件	视频\第5章\5.4.3　调整图像饱和度.mp4

实战精通55——创意空间

🔍**步骤 01** 进入会声会影编辑器，在视频轨中插入所需的素材图像，如图5-62所示。

🔍**步骤 02** 在预览窗口中，可以预览添加的素材图像效果，如图5-63所示。

图5-62　插入素材图像

图5-63　预览图像效果

🔍**步骤 03** 在"颜色"选项面板中，拖曳"饱和度"选项右侧的滑块，直至参数显示为-50，如图5-64所示。

🔍**步骤 04** 在预览窗口中，即可预览调整饱和度后的图像效果，如图5-65所示。

图5-64　拖曳滑块

图5-65　预览图像效果

5.4.4 ‖ 调整图像对比度

　　在会声会影2019中，对比度是指图像中阴暗区域最亮的白与最暗的黑之间不同亮度范围的差异。下面介绍调整图像对比度的操作方法。

扫描二维码 获取文件资源	素材文件	素材\第5章\美丽天空.jpg
	效果文件	效果\第5章\美丽天空.VSP
	视频文件	视频\第5章\5.4.4　调整图像对比度.mp4

步骤 01 进入会声会影编辑器，在视频轨中插入一幅素材图像，如图5-66所示。在预览窗口中可以预览插入的素材图像效果，如图5-67所示。

图5-66　插入素材图像

图5-67　预览图像效果

步骤 02 在"颜色"选项面板中，拖曳"对比度"选项右侧的滑块，直至参数显示为-30，如图5-68所示。

步骤 03 执行上述操作后，在预览窗口中即可预览调整对比度后的图像效果，如图5-69所示。

图5-68　拖曳滑块

图5-69　预览图像效果

5.4.5 调整图像Gamma

在会声会影2019中，Gamma是指灰阶的意思，在图像中灰阶代表了由最暗到最亮之间不同亮度的层次级别，中间层次越多，所能够呈现的画面效果也就越细腻。下面介绍调整图像Gamma的操作方法。

扫描二维码 获取文件资源	素材文件	素材\第5章\红色枫叶.jpg
	效果文件	效果\第5章\红色枫叶.VSP
	视频文件	视频\第5章\5.4.5　调整图像Gamma.mp4

实战精通57——红色枫叶

步骤 01 进入会声会影编辑器，在视频轨中插入一幅素材图像，如图5-70所示。

步骤 02 在预览窗口中可以预览插入的素材图像效果，如图5-71所示。

步骤 03 在"颜色"选项面板中，拖曳Gamma选项右侧的滑块，直至参数显示为-50，如图5-72所示。

图5-70　插入素材图像

图5-71　预览图像效果

🔍 **步骤 04** 执行上述操作后,在预览窗口中即可预览调整Gamma后的图像效果,如图5-73所示。

图5-72　拖曳滑块

图5-73　预览图像效果

5.4.6 ‖ 调整图像白平衡

在会声会影2019中,用户可以根据需要调整图像素材的白平衡,制作出特殊的光照效果。下面介绍调整图像白平衡的操作方法。

	素材文件	素材\第5章\木偶玩具.jpg
扫描二维码 获取文件资源	效果文件	效果\第5章\木偶玩具.VSP
	视频文件	视频\第5章\5.4.6　调整图像白平衡.mp4

🔍 **实战精通58——木偶玩具** ▶

🔍 **步骤 01** 进入会声会影编辑器,在视频轨中插入一幅素材图像,如图5-74所示。

🔍 **步骤 02** 在预览窗口中,可以预览素材画面效果,如图5-75所示。

图5-74　插入素材图像

图5-75　预览素材画面效果

步骤 03 打开"颜色"选项面板，选中"白平衡"复选框，在下方单击"日光"按钮，如图5-76所示。

步骤 04 在预览窗口中可以预览添加日光效果后的素材画面，效果如图5-77所示。

图5-76　单击"日光"按钮

图5-77　预览素材画面

5.5　使用运动追踪特技

在会声会影2019中，视频画面的"运动追踪"功能是软件的一个常用功能，该功能可以瞄准并跟踪屏幕上移动的物体，然后对视频画面进行相应编辑操作。

◀ 5.5.1 运动追踪画面 ▶

在会声会影2019的"运动追踪"对话框中，用户可以设置视频的动画属性和运动效果，以制作出视频中人物走动的红圈画面。下面向读者介绍具体的操作方法。

扫描二维码获取文件资源	素材文件	素材\第5章\人物移动.mov、红圈.png
	效果文件	效果\第5章\人物移动.VSP
	视频文件	视频\第5章\5.5.1　运动追踪画面.mp4

○ 实战精通59——人物移动 ➡

步骤 01 在菜单栏中选择"工具"|"运动追踪"命令，如图5-78所示。

步骤 02 弹出"打开视频文件"对话框，在其中选择相应的视频文件，单击"打开"按钮，弹出"运动追踪"对话框，将时间线移至0:00:01:000的位置，在下方单击"按区域设置跟踪器"按钮，如图5-79所示。

步骤 03 在预览窗口中，通过拖曳的方式调整青色方框的跟踪位置，移至人物位置，单击"运动追踪"按钮，即可开始播放视频文件，并显示运动追踪信息，待视频播放完成后，单击"隐藏跟踪路径"按钮，在上方窗格中即可显示运动追踪路径，路径线条以青色线表示，如图5-80所示。

步骤 04 单击对话框下方的"确定"按钮，返回会声会影编辑器，在视频轨和覆叠轨中显示了视频文件与运动追踪文件，如图5-81所示，完成视频运动追踪操作。

图5-78 选择"运动追踪"命令

图5-79 单击"按区域设置跟踪器"按钮

图5-80 显示运动追踪路径

图5-81 显示视频文件与运动追踪文件

步骤 05 将覆叠轨中的素材进行替换操作，替换为"红圈.png"素材，在"红圈.png"素材上单击鼠标右键，在弹出的快捷菜单中选择"运动"|"匹配动作"命令，如图5-82所示。

步骤 06 弹出"匹配动作"对话框，在下方的"偏移"选项区中设置X为3、Y为25，在"大小"选项区中设置X为39、Y为27。选择第2个关键帧，在下方的"偏移"选项区中设置X为0、Y为-2，在"大小"选项区中设置X为39、Y为27，如图5-83所示。

图5-82 选择"匹配动作"命令

图5-83 设置参数

步骤 07 设置完成后，单击"确定"按钮，即可在视频中用红圈跟踪人物运动路径，单击导览面板中的"播放"按钮，预览视频画面效果，如图5-84所示。

图5-84　预览视频画面效果

5.5.2 ‖ 添加路径特效

　　用户将软件自带的路径动画添加至视频画面上，可以制作出视频的画中画效果，以增强视频的感染力。本节主要向读者介绍为素材添加路径运动效果的操作方法。

扫描二维码获取文件资源	素材文件	素材\第5章\飞行动物.VSP
	效果文件	效果\第5章\飞行动物.VSP
	视频文件	视频\第5章\5.5.2　添加路径特效.mp4

实战精通60——飞行动物

步骤 01 进入会声会影编辑器，选择"文件"|"打开项目"命令，打开一个项目文件，如图5-85所示。

步骤 02 在预览窗口中可以预览视频画面效果，如图5-86所示。

图5-85　打开项目文件　　　　　　　图5-86　预览视频的画面效果

步骤 03 在素材库的左侧单击"路径"按钮，如图5-87所示。

步骤 04 进入"路径"素材库，在其中选择P05路径运动效果，如图5-88所示。

步骤 05 将选择的路径运动效果拖曳至视频轨中的素材图像上，如图5-89所示。

步骤 06 释放鼠标左键，即可为素材添加路径运动效果，在预览窗口中可以预览素材效果，如图5-90所示。

步骤 07 单击导览面板中的"播放"按钮，预览添加路径运动效果后的视频画面，如图5-91所示。

图5-87 单击"路径"按钮

图5-88 选择P05路径运动效果

图5-89 拖曳至视频轨中的素材图像上

图5-90 预览素材效果

图5-91 预览添加路径运动效果后的视频画面

5.6 应用360视频编辑功能

    360视频编辑功能是会声会影X10的新增功能,在会声会影2018中,对该功能也进行了改进与新增,包括"插入为360""投影到标准""单鱼眼到标准""单鱼眼到投影""双鱼眼到标准"以及"双鱼眼到投影"等编辑功能。在会声会影2019版本中,又新增了"投影到球面全景"和"双鱼眼到球面全景"两个编辑功能。使用360视频编辑功能,用户可以对视频画面进行360°的编辑与查看。本节主要以360视频编辑功能"投影到球面全景"为例,介绍应用该功能的操作方法。

◀ 5.6.1 ┃打开编辑窗口 ▶

    应用"投影到球面全景"功能进行360视频编辑前,首先需要打开相应的编辑窗口,在该编辑窗口中对视频画面进行相关编辑操作。

扫描二维码 获取文件资源	素材文件	素材\第5章\风光全景.mpg
	效果文件	无
	视频文件	视频\第5章\5.6.1　打开编辑窗口.mp4

 实战精通61——风光全景

步骤 01 进入会声会影编辑器，在视频轨中插入一段视频素材，如图5-92所示。

步骤 02 在预览窗口中预览视频画面效果，如图5-93所示。

图5-92　插入视频素材　　　　　　　　图5-93　预览视频画面效果

步骤 03 在视频轨中的素材上单击鼠标右键，在弹出的快捷菜单中选择"360视频"|"360视频转换"|"投影到球面全景"命令，如图5-94所示。

步骤 04 执行操作后，即可打开"投影到球面全景"对话框，如图5-95所示。

图5-94　选择"投影到球面全景"命令　　　　图5-95　打开编辑对话框

5.6.2 添加关键帧编辑视频画面 ★进阶★

在"投影到球面全景"对话框中，用户可以通过添加画面关键帧制作视频的360°运动效果，下面介绍具体的操作方法。

扫描二维码 获取文件资源	素材文件	无
	效果文件	效果\第5章\风光全景.VSP
	视频文件	视频\第5章\5.6.2　添加关键帧编辑视频画面.mp4

实战精通62——关键帧动画

步骤 01 在上一例的基础上,打开"投影到球面全景"对话框,选择第1个关键帧,在下方设置"缩放"参数为50、"旋转"参数为-100,如图5-96所示。

图5-96 第1个关键帧参数

步骤 02 将时间线移至0:00:01:011的位置,在下方设置"缩放"参数为70、"旋转"参数为-50,在时间轴上即可自动添加两个关键帧,如图5-97所示。

图5-97 自动添加两个关键帧

步骤 03 将时间线移至0:00:02:005的位置,在下方设置"缩放"参数为80、"旋转"参数为0,在时间轴上再次添加两个关键帧,如图5-98所示。

步骤 04 将时间线移至最后一个关键帧的位置,在下方设置"缩放"参数为90、"旋转"参数为50,如图5-99所示,编辑完成后,单击对话框下方的"确定"按钮。

步骤 05 返回会声会影2019工作界面,单击"播放"按钮,预览制作的球面全景效果,如图5-100所示。

图5-98　再次添加关键帧

图5-99　设置参数

图5-100　预览制作的球面全景效果

第6章

剪辑与精修视频素材

学习提示

　　在会声会影2019中，可以对视频素材进行相应的剪辑，其中最常见的视频剪辑包括用黄色标记剪辑视频、通过修整栏剪辑视频以及通过时间轴剪辑视频。在剪辑视频时，还可以按场景分割视频、多重修整视频、使用多相机剪辑视频、重新映射视频时间等。本章主要介绍剪辑与精修视频素材的方法，希望读者熟练掌握本章内容。

🗑 CLEAR　　　⬆ SUBMIT

本章重点导航

🗑 CLEAR　　　⬆ SUBMIT

6.1 掌握常用剪辑技巧

在会声会影2019编辑器中，可以对视频素材进行相应的剪辑，其中包括"黄色标记剪辑视频""通过修整栏剪辑视频""通过时间轴剪辑视频"和"通过按钮剪辑视频"4种常用的视频素材剪辑方法。下面主要介绍剪辑视频素材的具体操作方法。

◀ 6.1.1 ‖黄色标记剪辑视频 ▶

在时间轴中选择需要剪辑的视频素材，在其两端会出现黄色标记，拖动标记即可修整视频素材。下面介绍用黄色标记剪辑视频的操作方法。

扫描二维码 获取文件资源	素材文件	素材\第6章\视频片头.mpg
	效果文件	效果\第6章\视频片头.VSP
	视频文件	视频\第6章\6.1.1　黄色标记剪辑视频.mp4

🔍 实战精通63——视频片头

🔍**步骤 01** 进入会声会影编辑器，在视频轨中插入所需的视频素材，如图6-1所示。

🔍**步骤 02** 将鼠标指针移至时间轴面板中的视频素材的末端位置，按住鼠标左键并向左拖曳至00:00:03:000的位置，如图6-2所示。

图6-1　插入视频素材　　　　　　　　　　图6-2　向左拖曳

🔍**步骤 03** 拖曳至适当位置后释放鼠标左键，即可完成使用黄色标记剪辑视频的操作，单击导览面板中的"播放"按钮，即可预览剪辑后的视频素材效果，如图6-3所示。

图6-3　预览视频效果

6.1.2 | 修整栏剪辑视频

在会声会影2019中，修整栏中两个修整拖柄之间的部分代表素材中被选取的部分，拖动拖柄即可对素材进行修整，且在预览窗口中将显示与拖柄对应的帧画面。下面介绍通过修整栏剪辑视频的操作方法。

扫描二维码 获取文件资源	素材文件	素材\第6章\公园景色.mpg
	效果文件	效果\第6章\公园景色.VSP
	视频文件	视频\第6章\6.1.2 修整栏剪辑视频.mp4

实战精通64——公园景色

步骤 01 进入会声会影编辑器，在视频轨中插入所需的视频素材，如图6-4所示。

步骤 02 拖曳鼠标指针至预览窗口右下方的修整标记上，当鼠标指针呈双向箭头时，按住鼠标左键的同时向左拖曳修整标记至00:00:04:000的位置，如图6-5所示。

图6-4 插入视频素材

图6-5 拖曳修整标记

专家指点

在会声会影2019中使用修整栏剪辑视频文件时，如果拖曳尾部的修整标记，可以剪辑视频的片尾部分；如果拖曳开始位置的修整标记，可以剪辑视频的片头部分。无论用户执行何种剪辑操作，视频轨中的素材长度都将发生变化。

步骤 03 释放鼠标左键，单击导览面板中的"播放"按钮，即可预览剪辑后的视频素材效果，如图6-6所示。

图6-6 预览剪辑后的视频素材效果

6.1.3 ▎时间轴剪辑视频

在会声会影2019中，通过时间轴剪辑视频素材也是一种常用的方法，该方法主要通过"开始标记"按钮和"结束标记"按钮来实现对视频素材的剪辑操作。

扫描二维码 获取文件资源	素材文件	素材\第6章\蓝色视频.mp4
	效果文件	效果\第6章\蓝色视频.VSP
	视频文件	视频\第6章\6.1.3　时间轴剪辑视频.mp4

实战精通65——蓝色视频

步骤 01 进入会声会影编辑器，在视频轨中插入所需的视频素材，如图6-7所示，将鼠标指针移至时间轴上方的滑块上，此时鼠标指针呈双箭头形状。

步骤 02 将时间线移动至00:00:01:000的位置，在预览窗口的右下角单击"开始标记"按钮，如图6-8所示。

图6-7　插入视频素材　　　　　　　　　图6-8　单击"开始标记"按钮

步骤 03 在时间轴上方会显示一条橘红色线条，将鼠标指针移至时间轴上的滑块，按住鼠标左键并向右拖曳至00:00:04:000的位置释放鼠标左键，如图6-9所示。

步骤 04 单击预览窗口中右上角的"结束标记"按钮，确定视频的终点位置，此时选定的区域将以橘红色线条显示，如图6-10所示。

图6-9　向右拖曳　　　　　　　　　图6-10　单击"结束标记"按钮

步骤 05 单击导览面板中的"播放"按钮,即可在预览窗口中预览剪辑后的视频效果,如图6-11所示。

图6-11 预览剪辑后的视频效果

6.1.4 按钮剪辑视频

在会声会影2019中,用户可以通过"根据滑轨位置分割素材"按钮直接对影视素材进行编辑。下面介绍通过按钮剪辑视频的操作方法。

扫描二维码获取文件资源	素材文件	素材\第6章\播放倒计时.mpg
	效果文件	效果\第6章\播放倒计时.VSP
	视频文件	视频\第6章\6.1.4 按钮剪辑视频.mp4

实战精通66——播放倒计时

步骤 01 进入会声会影编辑器,在视频轨中插入一段视频素材,在视频轨中将时间线移至00:00:02:000的位置,如图6-12所示。

步骤 02 在导览面板中,单击"根据滑轨位置分割素材"按钮,如图6-13所示。

图6-12 移动时间线位置　　　　　　图6-13 单击相应按钮

步骤 03 执行操作后,即可将视频素材分割为两段,如图6-14所示。

步骤 04 在时间轴面板的视频轨中,再次将时间线移至00:00:04:000的位置,在导览面板中单击"根据滑轨位置分割素材"按钮,再次对视频素材进行分割操作,如图6-15所示。

图6-14　将视频素材分割为两段　　　　　　图6-15　对视频素材进行分割操作

步骤 05 在导览面板中单击"播放"按钮，预览剪辑后的视频画面效果，如图6-16所示。

图6-16　预览剪辑后的视频画面效果

6.2 掌握特殊剪辑技巧

在会声会影2019中，还可以使用一些特殊的视频剪辑方法对视频进行剪辑，如使用变速按钮剪辑视频素材、使用区间剪辑视频素材等。本节主要介绍3种特殊的视频剪辑技法。

◀ 6.2.1 ‖ 使用变速按钮剪辑视频素材 ▶

在会声会影2019中，使用"变速"按钮可以调整整段视频的播放速度，或者调整视频片段中某一小节的播放速度。下面介绍使用"变速"按钮剪辑视频素材的操作方法。

扫描二维码 获取文件资源	素材文件	素材\第6章\自由女神.mpg
	效果文件	效果\第6章\自由女神.VSP
	视频文件	视频\第6章\6.2.1　使用变速按钮剪辑视频素材.mp4

🔍 **实战精通67——自由女神**

步骤 01 进入会声会影编辑器，在视频轨中插入所需的视频素材，如图6-17所示。

步骤 02 单击"显示选项面板"按钮，打开视频"编辑"选项面板，在其中单击"变速"按钮，如图6-18所示。

图6-17　插入视频素材

图6-18　单击"变速"按钮

🔍**步骤 03** 弹出"变速"对话框，在其中设置"速度"为400，如图6-19所示。

🔍**步骤 04** 单击"确定"按钮，即可在时间轴面板中显示使用变速功能剪辑后的视频素材，如图6-20所示。

图6-19　设置相应参数

图6-20　显示视频素材

🔍**步骤 05** 执行上述操作后，单击导览面板中的"播放"按钮，即可预览剪辑后的视频效果，如图6-21所示。

图6-21　预览剪辑后的视频效果

专家指点

在视频轨中插入所需的视频素材，在视频素材上单击鼠标右键，在弹出的快捷菜单中选择"速度"|"变速"命令，也可以快速弹出"变速"对话框。

◀ **6.2.2** ‖使用区间剪辑视频素材 ▶

　　在会声会影2019中，使用区间剪辑视频素材可以精确控制片段的播放时间，但它只能从视频的尾部进行剪辑，若对整个影片的播放时间有严格的限制，可使用区间修整的方式来剪辑各个视频素材片段。下面介绍使用区间剪辑视频素材的操作方法。

扫描二维码 获取文件资源	素材文件	素材\第6章\五彩植物.mpg
	效果文件	效果\第6章\五彩植物.VSP
	视频文件	视频\第6章\6.2.2　使用区间剪辑视频素材.mp4

实战精通68——五彩植物

步骤 01 进入会声会影编辑器，在视频轨中插入一段视频素材，如图6-22所示。

步骤 02 在"编辑"选项面板的"视频区间"数值框中输入0:00:03:000，如图6-23所示，设置完成后，按【Enter】键确认，即可剪辑视频素材。

图6-22　插入视频素材

图6-23　输入区间数值

步骤 03 执行上述操作后，单击导览面板中的"播放"按钮，即可预览剪辑后的视频效果，如图6-24所示。

图6-24　预览剪辑后的视频效果

专家指点

在"编辑"选项面板中设置视频区间时，单击"区间"数值框右侧的微调按钮，也可以设置区间大小。

6.2.3 ‖ 按场景分割视频文件

在会声会影2019中，使用按照场景分割功能，可以将在不同场景下拍摄的视频内容分割成视频片段。下面介绍按场景分割视频文件的操作方法。

扫描二维码 获取文件资源	素材文件	素材\第6章\绿色记忆.mpg
	效果文件	效果\第6章\绿色记忆.VSP
	视频文件	视频\第6章\6.2.3　按场景分割视频文件.mp4

实战精通69——绿色记忆

步骤 01 进入会声会影编辑器，在视频轨中插入一段视频素材，如图6-25所示。

步骤 02 展开"编辑"选项面板，在其中单击"按场景分割"按钮，如图6-26所示。

图6-25　插入视频素材　　　　　　　图6-26　单击"按场景分割"按钮

步骤 03 弹出"场景"对话框，单击左下角的"扫描"按钮，稍等片刻，扫描出场景，如图6-27所示。

步骤 04 执行上述操作后，单击"确定"按钮，即可在视频轨中显示按照场景分割的视频素材，如图6-28所示。

图6-27　单击"扫描"按钮　　　　　　　图6-28　按照场景分割视频

步骤 05 单击导览面板中的"播放"按钮，即可预览分割后的视频效果，如图6-29所示。

图6-29　预览分割后的视频效果

在时间轴面板中选择视频素材，单击鼠标右键，在弹出的快捷菜单中选择"按场景分割"命令，可以弹出"场景"对话框，进行场景分割。另外，在菜单栏中选择"编辑"|"按场景分割"命令，也可以打开"场景"对话框。

6.3　掌握多重修整视频技巧

在会声会影2019中，多重修整视频是将视频分割成多个片段的另一种方法，它可以让用户完整地控制要提取的素材，更方便地管理项目。本节主要介绍多重修整视频的操作方法。

6.3.1 ‖ 打开"多重修整视频"对话框

多重修整视频操作之前，首先需要打开"多重修整视频"对话框，其方法很简单，只需在选项面板中单击相应的按钮即可。

扫描二维码获取文件资源	素材文件	素材\第6章\草原风光.mpg
	效果文件	无
	视频文件	视频\第6章\6.3.1　打开"多重修整视频"窗口.mp4

 实战精通70——草原风光

步骤 01 进入会声会影编辑器，在视频轨中插入所需的视频素材，如图6-30所示。

步骤 02 在预览窗口中可预览添加的视频效果，如图6-31所示。

图6-30　插入视频素材

图6-31　预览视频效果

步骤 03 展开"编辑"选项面板，在其中单击"多重修整视频"按钮，如图6-32所示。

步骤 04 执行上述操作后，即可弹出"多重修整视频"对话框，如图6-33所示。

在视频轨中的素材文件上单击鼠标右键，在弹出的快捷菜单中选择"多重修整视频"命令，也可以弹出"多重修整视频"对话框。

图6-32 单击"多重修整视频"按钮　　　　　　图6-33 弹出"多重修整视频"对话框

6.3.2 ‖ 快速搜索视频间隔

　　在会声会影编辑器中打开"多重修整视频"对话框后，用户可以对视频进行快速搜索间隔的操作，该操作可以快速在两个场景之间进行切换。下面介绍快速搜索间隔的操作方法。

扫描二维码 获取文件资源	素材文件	素材\第6章\家常小菜.mpg
	效果文件	无
	视频文件	视频\第6章\6.3.2 快速搜索视频间隔.mp4

 实战精通71——家常小菜

步骤 01　进入会声会影编辑器，在视频轨中插入一段视频素材，单击导览面板中的"播放"按钮，预览插入的视频效果，如图6-34所示。

图6-34 预览视频效果

步骤 02　选择插入的视频素材，单击鼠标右键，在弹出的快捷菜单中选择"多重修整视频"命令，如图6-35所示。

步骤 03　执行上述操作后，即可弹出"多重修整视频"对话框，如图6-36所示。

步骤 04　单击对话框中的"向前搜索"按钮，如图6-37所示。

步骤 05　执行上述操作后，即可快速跳转至下一个场景中，如图6-38所示。

　　在"多重修整视频"对话框中，单击"快速搜索间隔"数值框右侧的向上微调按钮，数值框中的数值将变大；单击向下微调按钮，数值框中的数值将变小。

图6-35　选择"多重修整视频"命令

图6-36　弹出"多重修整视频"对话框

图6-37　单击"向前搜索"按钮

图6-38　跳转至下一个场景

6.3.3 反转选取视频画面

在"多重修整视频"对话框中，单击"反转选取"按钮可以选择"多重修整视频"对话框中用户未选中的视频片段。下面介绍反转选取视频的操作方法。

扫描二维码 ·获取文件资源	素材文件	素材\第6章\山中美景.mpg
	效果文件	效果\第6章\山中美景.VSP
	视频文件	视频\第6章\6.3.3　反转选取视频画面.mp4

实战精通72——山中美景

步骤 01 进入会声会影编辑器，在视频轨中插入一段视频素材，单击导览面板中的"播放"按钮，预览插入的视频效果，如图6-39所示。

图6-39　预览视频效果

🔍**步骤 02** 单击"编辑"选项面板中的"多重修整视频"按钮，打开"多重修整视频"对话框，如图6-40所示。

🔍**步骤 03** 拖曳滑块至0:00:02:00的位置，单击"设置开始标记"按钮 **[** ，如图6-41所示，标记提取素材的起始位置。

图6-40　打开"多重修整视频"对话框

图6-41　单击"设置开始标记"按钮

🔍**步骤 04** 拖曳滑块至0:00:06:00的位置，单击"设置结束标记"按钮 **]** ，标记提取素材的结束位置，如图6-42所示。

🔍**步骤 05** 单击左上角的"反转选取"按钮，即可反转选取视频，如图6-43所示。

图6-42　单击"设置结束标记"按钮

图6-43　单击"反转选取"按钮

◀ **6.3.4** ‖ 播放修整的视频 ▶

在会声会影2019中，用户通过"多重修整视频"对话框对视频进行修整后，可以播放修整后的视频。下面介绍播放修整视频的操作方法。

扫描二维码 获取文件资源	素材文件	素材\第6章\美丽大方.mpg
	效果文件	效果\第6章\美丽大方.VSP
	视频文件	视频\第6章\6.3.4　播放修整的视频.mp4

🔍 **实战精通73——美丽大方** ▶

🔍**步骤 01** 进入会声会影编辑器，在视频轨中插入一段视频素材，如图6-44所示。

🔍**步骤 02** 单击"编辑"选项面板中的"多重修整视频"按钮，打开"多重修整视频"对话框，将滑块拖曳至0:00:01:00的位置，单击"设置开始标记"按钮，如图6-45所示。

图6-44　插入视频素材文件　　　　　　　　　　　图6-45　单击相应按钮

步骤 03 单击预览窗口下方的"播放"按钮，播放视频素材，至0:00:05:00的位置单击"暂停"按钮，如图6-46所示。

步骤 04 单击"设置结束标记"按钮，确定视频的终点位置，此时选定的区间即可显示在对话框下方的列表框中，完成标记修整片段起点和终点的操作，如图6-47所示。

图6-46　单击"暂停"按钮　　　　　　　　　　　图6-47　查看剪辑后的效果

步骤 05 单击"确定"按钮，返回会声会影编辑器，单击导览面板中的"播放"按钮，预览剪辑后的视频效果，如图6-48所示。

图6-48　预览视频效果

◀ 6.3.5 ║ 删除所选素材 ▶

在"多重修整视频"对话框中，用户不再使用提取的片段时，可以对不需要的片段进行删除操作。下面介绍删除所选素材的操作方法。

扫描二维码 获取文件资源	素材文件	素材\第6章\烟花绽放.mpg
	效果文件	效果\第6章\烟花绽放.VSP
	视频文件	视频\第6章\6.3.5 删除所选素材.mp4

实战精通74——烟花绽放

步骤 01 进入会声会影编辑器,在视频轨中插入一段视频素材,在"多重修整视频"对话框中,将滑块拖曳至0:00:01:00的位置,单击"设置开始标记"按钮,如图6-49所示,确定视频的起始点。

步骤 02 使用同样的方法,将滑块拖曳至0:00:03:00的位置,如图6-50所示。

图6-49 单击"设置开始标记"按钮　　　　　图6-50 拖曳滑块

步骤 03 单击"设置结束标记"按钮,确定视频的终点位置,此时选定的区间即可显示在对话框下方的列表框中,完成标记修整片段起点和终点的操作,如图6-51所示。

步骤 04 单击"删除所选素材"按钮,即可删除所选素材片段,如图6-52所示。

图6-51 显示区间　　　　　　　　图6-52 单击"删除所选素材"按钮

◀ 6.3.6 ‖ 转到特定时间码 ▶

在会声会影2019中,用户可以精确地调整所编辑素材的时间码。下面介绍在"多重修整视频"对话框中转到特定时间码的操作方法。

扫描二维码 获取文件资源	素材文件	素材\第6章\撒网捕鱼.mpg
	效果文件	效果\第6章\撒网捕鱼.VSP
	视频文件	视频\第6章\6.3.6 转到特定时间码.mp4

步骤 01 进入会声会影编辑器，在视频轨中插入一段视频素材，如图6-53所示。

步骤 02 在视频素材上单击鼠标右键，在弹出的快捷菜单中选择"多重修整视频"命令，如图6-54所示。

图6-53　插入视频素材

图6-54　选择"多重修整视频"命令

步骤 03 执行操作后，弹出"多重修整视频"对话框，单击右下角的"设置开始标记"按钮，标记视频的起始位置，如图6-55所示。

步骤 04 在"转到特定的时间码"文本框中输入0:00:03:00，即可将时间线定位到视频中第3秒的位置，如图6-56所示。

图6-55　标记视频的起始位置

图6-56　定位时间线

步骤 05 单击"设置结束标记"按钮，选定的区间将显示在对话框下方的列表框中，如图6-57所示。

步骤 06 在"转到特定的时间码"文本框中输入0:00:05:00，即可将时间线定位到视频中第5秒的位置，单击"设置开始标记"按钮，标记第二段视频的起始位置，如图6-58所示。

图6-57　显示区间

图6-58　标记第二段视频的起始位置

步骤 07 在"转到特定的时间码"文本框中输入0:00:07:00，即可将时间线定位到视频中第7秒的位置，如图6-59所示。

步骤 08 单击"设置结束标记"按钮，标记第二段视频的结束位置，选定的区间将显示在对话框下方的列表框中，如图6-60所示。

图6-59　定位时间线　　　　　　　　　图6-60　显示区间

步骤 09 单击"确定"按钮，返回会声会影编辑器，在视频轨中显示了刚刚剪辑的两个视频片段，如图6-61所示。

步骤 10 切换至故事板视图，在其中可以查看剪辑的视频区间参数，如图6-62所示。

图6-61　显示两个视频片段　　　　　　图6-62　查看视频区间参数

步骤 11 在导览面板中单击"播放"按钮，预览剪辑后的视频画面效果，如图6-63所示。

图6-63　预览视频画面效果

6.4 掌握多相机剪辑视频技巧

在会声会影2019中，用户可以通过从不同相机、不同角度捕获的事件镜头创建外观专业的视频编辑。通过简单的多视图工作区，可以在播放视频素材的同时进行动态编辑。只需单击一下，即可从一个视频素材切换到另一个，与播音室从一个相机切换到另一个来捕获不同场景角度或元素的方法相同。

6.4.1 ‖ 打开"来源管理器"窗口

在会声会影2019中，当用户使用多相机编辑器剪辑视频素材前，首先需要打开"来源管理器"窗口，下面介绍打开该窗口的方法。

步骤 01 在"编辑"面板的菜单栏中，选择"工具"|"多相机编辑器"命令，如图6-64所示，或者在时间轴面板的上方单击"多相机编辑器"按钮 ▦，如图6-65所示。

图6-64　选择"多相机编辑器"命令　　　　图6-65　单击"多相机编辑器"按钮

步骤 02 执行操作后，即可打开"来源管理器"窗口，如图6-66所示。

图6-66　打开"来源管理器"窗口

6.4.2 ‖ 使用"多相机编辑器"剪辑视频画面

在会声会影2019中，使用"多相机编辑器"功能可以更加快速地进行视频的剪辑，可以对大量的素材进行选择、搜索、剪辑点确定、时间线对位等基本操作。下面介绍具体的操作步骤。

扫描二维码 获取文件资源	素材文件	素材\第6章\飞机特效1.mov、飞机特效2.mov
	效果文件	效果\第6章\飞机特效.VSP
	视频文件	视频\第6章\6.4.2 使用"多相机编辑器"剪辑视频画面.mp4

🔍 实战精通76——飞机特效 ▶

步骤 01 进入"来源管理器"窗口，在右上方的"相机1"轨道右侧空白处单击鼠标右键，在弹出的快捷菜单中选择"插入视频"命令，如图6-67所示。

步骤 02 在弹出的对话框中选择需要添加的视频，单击"打开"按钮，如图6-68所示。

图6-67 选择"插入视频"命令

图6-68 单击"打开"按钮

步骤 03 执行上述操作后，即可添加视频至"相机1"轨道中，如图6-69所示。

步骤 04 使用同样的方法，在"相机2"轨道中添加一段视频，如图6-70所示。

图6-69 添加视频至"相机1"轨道

图6-70 添加视频至"相机2"轨道

步骤 05 添加两段视频文件后，单击窗口最下方的"确定"按钮，如图6-71所示。

步骤 06 执行操作后，打开"多相机编辑器"窗口，如图6-72所示。

图6-71　单击"确定"按钮

图6-72　打开"多相机编辑器"窗口

步骤 07 选择"多相机"轨道，单击第1个相机窗口，如图6-73所示，即可在"多相机"轨道上添加"相机1"轨道的视频画面。

步骤 08 拖动时间轴上方的滑块到00:00:02:02的位置，单击左上方的预览框2，如图6-74所示，此时在"多相机"轨道上的时间轴位置即时添加"相机2"轨道的视频画面，对视频进行剪辑合并操作。

图6-73　单击第1个相机窗口

图6-74　单击左上方的预览框2

步骤 09 使用同样的方法，在00:00:03:09的位置再次添加"相机1"轨道的视频画面，如图6-75所示。

图6-75　再次添加"相机1"轨道的视频画面

🔍**步骤 10** 多相机视频画面剪辑完成后，单击"确定"按钮，返回会声会影编辑器，在"视频"素材库中显示了刚制作的多相机视频文件，如图6-76所示。

🔍**步骤 11** 将制作完成的多相机视频文件拖曳至视频轨中的开始位置，在视频轨中即时看到剪辑的3段合成视频，如图6-77所示。

图6-76　显示了刚制作的多相机视频文件

图6-77　剪辑的3段合成视频

专家指点

在多相机素材同步播放的时候，可以实时切换到需要的镜头，播放一遍之后就直接完成了一部影片的剪辑，这使普通家庭用户也可以在没有完整硬件设备的时候制作，极大地提高了剪辑视频的效率。

🔍**步骤 12** 在导览面板中单击"播放"按钮，预览剪辑的视频画面，最终的效果如图6-78所示。

图6-78　预览剪辑后的视频效果

6.5 应用重新映射时间精修视频

在会声会影2019中，"重新映射时间"功能非常实用，可以帮助用户更加精准地修整视频的播放速度，制作出视频的快动作或慢动作特效。本节主要向读者介绍应用重新映射时间精修视频片段的操作方法。

◀ **6.5.1** 打开"时间重新映射"对话框 ▶

在会声会影2019中，当用户使用"重新映射时间"功能精修视频素材前，首先需要打开"时间重新映射"对话框，下面介绍打开该对话框的方法。

扫描二维码 获取文件资源	素材文件	素材\第6章\喜庆贺寿.mpg
	效果文件	无
	视频文件	视频\第6章\6.5.1　打开"时间重新映射"对话框.mp4

🔍 **实战精通77——喜庆贺寿**

🔍**步骤 01**　进入会声会影编辑器，在视频轨中插入一段视频素材，如图6-79所示。

🔍**步骤 02**　在菜单栏中，选择"工具"|"重新映射时间"命令，如图6-80所示。

图6-79　插入视频素材

图6-80　选择"重新映射时间"命令

🔍**步骤 03**　弹出"重新映射时间"对话框，如图6-81所示，在其中可以编辑视频画面。

图6-81　弹出"重新映射时间"对话框

◀ 6.5.2 ‖ 使用"时间重新映射"精修视频画面 ▶

下面介绍使用"时间重新映射"功能精修视频画面的具体操作方法。

扫描二维码 获取文件资源	素材文件	无
	效果文件	效果\第6章\喜庆贺寿.VSP
	视频文件	视频\第6章\6.5.2 使用"时间重新映射"精修视频画面.mp4

实战精通78——精修视频

步骤 01 通过"重新映射时间"命令,打开"重新映射时间"窗口,将时间线移至0:00:00:06 的位置,如图6-82所示。

图6-82 移动时间线的位置

步骤 02 在窗口右侧单击"停帧"按钮,设置"停帧"的时间为3秒,表示在该处静态停帧3 秒的时间,此时窗口下方显示了一幅停帧的静态图像,如图6-83所示。

图6-83 单击"停帧"按钮

步骤 03 在预览窗口下方，将时间线移至0:00:01:05的位置，在窗口右上方设置"速度"为50，表示以慢动作的形式播放视频，如图6-84所示。

图6-84 设置"速度"为50

步骤 04 在预览窗口下方，向右拖曳时间线滑块，将时间线移至0:00:03:07的位置，如图6-85所示。

图6-85 移动时间线的位置

步骤 05 再次单击"停帧"按钮，设置"停帧"的时间为3秒，在时间线位置再次添加一幅停帧的静态图像，如图6-86所示。

步骤 06 视频编辑完成后，单击窗口下方的"确定"按钮，返回会声会影编辑器，在视频轨中可以查看精修完成的视频文件，如图6-87所示。

步骤 07 在导览面板中单击"播放"按钮，预览精修的视频画面，效果如图6-88所示。

图6-86 再次添加一幅停帧的静态图像

图6-87 查看精修完成的视频文件

图6-88 预览精修的视频画面

精彩特效篇

第7章

制作视频滤镜特效

学习提示

　　在会声会影2019中，为用户提供了多种滤镜效果，对视频素材进行编辑时，可以将它应用到视频素材上，通过视频滤镜不仅可以掩饰视频素材的瑕疵，还可以令视频产生绚丽的视觉效果，使制作出来的视频更具表现力。本章主要介绍制作视频滤镜精彩特效的方法。

🗑 CLEAR　　⬆ SUBMIT

本章重点导航

- 实战精通79——美丽天使
- 实战精通80——滑翔降落
- 实战精通81——窗台一景
- 实战精通82——根深叶茂
- 实战精通83——花与蝴蝶
- 实战精通84——玉树临风
- 实战精通85——美丽小镇

- 实战精通86——深夜都市
- 实战精通87——鲜花情缘
- 实战精通88——乡村生活
- 实战精通89——可爱女孩
- 实战精通90——乌云密布
- 实战精通91——雪花飞舞
- 实战精通92——年代小镇

🗑 CLEAR　　⬆ SUBMIT

7.1　添加与删除视频滤镜

　　视频滤镜可以说是会声会影的一大亮点，越来越多的滤镜特效出现在各种影视节目中，它可以使美丽的画面更加生动、绚丽多彩，从而创作出非常神奇的、变幻莫测的媲美好莱坞大片的视觉效果。本节主要介绍4种编辑视频滤镜的操作方法。

7.1.1 添加单个视频滤镜

　　视频滤镜是指可以应用到素材上的效果，它可以改变素材的外观和样式。用户可以通过运用这些视频滤镜，对素材进行美化，制作出精美的视频作品。下面介绍添加单个视频滤镜的操作方法。

扫描二维码 获取文件资源	素材文件	素材\第7章\美丽天使.jpg
	效果文件	效果\第7章\美丽天使.VSP
	视频文件	视频\第7章\7.1.1　添加单个视频滤镜.mp4

实战精通79——美丽天使

步骤 01　进入会声会影编辑器，在故事板中插入一幅素材图像，如图7-1所示。

步骤 02　在预览窗口中可以预览素材的画面效果，如图7-2所示。

图7-1　插入素材图像

图7-2　预览素材的画面效果

步骤 03　在素材库的左侧单击"滤镜"按钮，如图7-3所示。

步骤 04　切换至"滤镜"选项卡，单击窗口上方的"画廊"按钮，在弹出的列表框中选择"相机镜头"选项，如图7-4所示。

图7-3　单击"滤镜"按钮

图7-4　选择"相机镜头"选项

步骤 05 打开"相机镜头"素材库，选择"光芒"滤镜效果，如图7-5所示。

步骤 06 在选择的滤镜效果上，按住鼠标左键并将其拖曳至故事板中的图像素材上，此时鼠标指针右下角将显示一个加号，释放鼠标左键，即可添加视频滤镜效果，如图7-6所示。

图7-5 选择"光芒"滤镜效果　　　　　　图7-6 添加视频滤镜效果

步骤 07 打开"效果"选项面板，单击"自定义滤镜"左侧的下拉按钮，在弹出的列表框中选择第1行第2个滤镜样式，即可完成光芒照射滤镜效果的制作，在导览面板中单击"播放"按钮，预览添加的视频滤镜效果，如图7-7所示。

图7-7 预览视频滤镜效果

7.1.2 添加多个视频滤镜

在会声会影2019中，当用户为一个图像素材添加多个视频滤镜效果时，所产生的效果是多个视频滤镜效果的叠加。会声会影2019允许用户最多只能在同一个素材上添加5个视频滤镜效果。下面介绍添加多个视频滤镜的操作方法。

扫描二维码获取文件资源	素材文件	素材\第7章\滑翔降落.jpg
	效果文件	效果\第7章\滑翔降落.VSP
	视频文件	视频\第7章\7.1.2 添加多个视频滤镜.mp4

🔍 **实战精通80——滑翔降落**

步骤 01 进入会声会影编辑器，在故事板中插入一幅素材图像，如图7-8所示。

步骤 02 在预览窗口中可以预览插入的素材图像效果，如图7-9所示。

步骤 03 单击"滤镜"按钮，切换至"滤镜"素材库，在其中选择"镜头闪光"滤镜效果，如图7-10所示。

图7-8　插入素材图像　　　　　图7-9　预览图像效果

步骤 04 按住鼠标左键并拖曳至故事板中的图像素材上，释放鼠标左键，即可在"效果"选项面板中查看已添加的视频滤镜效果，如图7-11所示。

图7-10　选择"镜头闪光"滤镜效果　　　图7-11　查看已添加的视频滤镜效果

步骤 05 取消选中"替换上一个滤镜"复选框，使用相同的方法，为图像素材再次添加"色彩平衡"滤镜效果，在"效果"选项面板中查看滤镜效果，如图7-12所示。

步骤 06 执行操作后，在故事板中可以查看添加多个视频滤镜的效果，如图7-13所示。

图7-12　查看滤镜效果　　　　图7-13　查看添加多个视频滤镜的效果

专家指点

会声会影2019中提供了多种视频滤镜特效，使用这些视频滤镜特效，可以制作出各种变幻莫测的神奇视觉效果，从而使视频作品更加能够吸引人们的眼球。

步骤 07 单击导览面板中的"播放"按钮，即可在预览窗口中预览多个视频滤镜效果，如图7-14所示。

图7-14　预览多个视频滤镜效果

7.1.3 ▌替换视频滤镜

在会声会影2019中，当用户为素材添加视频滤镜后，如果发现某个视频滤镜未达到预期的效果，此时可将该视频滤镜效果进行替换操作。下面介绍替换视频滤镜的操作方法。

扫描二维码 获取文件资源	素材文件	素材\第7章\窗台一景.VSP
	效果文件	效果\第7章\窗台一景.VSP
	视频文件	视频\第7章\7.1.3　替换视频滤镜.mp4

实战精通81——窗台一景

步骤 01 进入会声会影编辑器，打开一个项目文件，如图7-15所示。

步骤 02 展开"效果"选项面板，在面板中选中"替换上一个滤镜"复选框，如图7-16所示。

图7-15　打开项目文件　　　　　　　　图7-16　选中"替换上一个滤镜"复选框

步骤 03 单击"滤镜"按钮，切换至"滤镜"素材库，在其中选择"单色"滤镜效果，如图7-17所示。

步骤 04 按住鼠标左键并拖曳至故事板中的图像素材上方，执行操作后，即可替换上一个视频滤镜，在"效果"选项面板中可以查看替换后的视频滤镜，如图7-18所示。

步骤 05 单击导览面板中的"播放"按钮，即可在预览窗口中预览替换滤镜后的视频效果，如图7-19所示。

图7-17　选择"单色"滤镜效果

图7-18　查看替换后的视频滤镜

图7-19　预览替换滤镜后的视频效果

在会声会影2019中替换视频滤镜效果时，一定要确认"效果"选项面板中的"替换上一个滤镜"复选框处于选中状态，如果该复选框没有选中的话，那么系统并不会将新添加的视频滤镜效果替换之前添加的滤镜效果，而是同时使用两个滤镜效果。

为图像应用滤镜后，如果不再需要该滤镜效果，可以在"效果"选项面板中选择该滤镜，单击"删除"按钮，即可将其删除。

7.1.4　删除视频滤镜

在会声会影2019中，如果用户对某个滤镜效果不满意，此时可以将该视频滤镜删除。用户可以在"效果"选项面板中删除一个视频滤镜或多个视频滤镜。下面介绍删除视频滤镜的操作方法。

扫描二维码 获取文件资源	素材文件	素材\第7章\根深叶茂.VSP
	效果文件	效果\第7章\根深叶茂.VSP
	视频文件	视频\第7章\7.1.4　删除视频滤镜.mp4

实战精通82——根深叶茂

步骤 01　进入会声会影编辑器，选择"文件"|"打开项目"命令，打开一个项目文件，单击"播放"按钮，预览视频画面效果，如图7-20所示。

图7-20 预览视频画面效果

在会声会影2019中，为图像应用多个滤镜效果后，可以在"效果"选项面板中单击"上移滤镜"按钮或"下移滤镜"按钮，移动变换滤镜效果。

步骤 02 在故事板中，使用鼠标左键双击需要删除视频滤镜的素材文件，如图7-21所示。

步骤 03 展开"效果"选项面板，在滤镜列表框中选择"气泡"视频滤镜，单击滤镜列表框右下方的"删除滤镜"按钮，如图7-22所示。

图7-21 双击素材文件　　　　　　　　图7-22 单击"删除滤镜"按钮

步骤 04 执行操作后，即可删除选择的滤镜效果，如图7-23所示。

步骤 05 在预览窗口中，可以预览删除视频滤镜后的视频画面效果，如图7-24所示。

图7-23 删除选择的滤镜效果　　　　　　图7-24 预览视频画面效果

在会声会影2019的"效果"选项面板中，单击滤镜名称前面的按钮，可以查看素材没有应用滤镜前的初始效果。

7.2　设置视频滤镜的属性

在会声会影2019中，为素材图像添加需要的视频滤镜后，用户还可以为视频滤镜指定滤镜预设模式或者自定义视频滤镜效果，可以让影片更加完善。本节主要介绍设置视频滤镜的操作方法。

◀ 7.2.1 ‖ 指定滤镜预设模式 ▶

在会声会影2019中，每一个视频滤镜都会提供多个预设的滤镜模式，用户可根据需要进行相应的选择。下面介绍指定滤镜预设模式的操作方法。

扫描二维码获取文件资源	素材文件	素材\第7章\花与蝴蝶.VSP
	效果文件	效果\第7章\花与蝴蝶.VSP
	视频文件	视频\第7章\7.2.1　指定滤镜预设模式.mp4

🔍 **实战精通83——花与蝴蝶** ▶

🔍**步骤 01** 进入会声会影编辑器，打开一个项目文件，如图7-25所示。

🔍**步骤 02** 单击导览面板中的"播放"按钮，预览打开的项目效果，如图7-26所示。

> 所谓预设模式，是指会声会影2019通过对滤镜效果的某些参数进行调整后，形成一种固定的效果，并嵌套在系统中。用户可以通过直接选择这些预设模式，从而快速地对滤镜效果进行设置。选择不同的预设模式，所产生的画面效果也会不同。

图7-25　打开项目文件

图7-26　预览项目效果

🔍**步骤 03** 在"效果"选项面板中，单击"自定义滤镜"左侧的下拉按钮，在弹出的列表框中选择第4行第1个滤镜预设样式，如图7-27所示。

🔍**步骤 04** 执行上述操作后，即可为素材图像指定滤镜预设样式，单击导览面板中的"播放"按钮，预览视频滤镜预设样式，如图7-28所示。

图7-27 选择滤镜预设样式

图7-28 预览视频滤镜预设样式

7.2.2 ∥ 自定义视频滤镜

在会声会影2019中，对视频滤镜效果进行自定义操作，可以制作出更加精美的画面效果。下面介绍自定义视频滤镜的操作方法。

扫描二维码 获取文件资源	素材文件	素材\第7章\玉树临风.jpg
	效果文件	效果\第7章\玉树临风.VSP
	视频文件	视频\第7章\7.2.2　自定义视频滤镜.mp4

实战精通84——玉树临风

步骤 01 进入会声会影编辑器，在故事板中插入一幅素材图像，如图7-29所示。

步骤 02 在预览窗口中，可以预览插入的素材图像效果，如图7-30所示。

图7-29 插入素材图像

图7-30 预览图像效果

步骤 03 在"滤镜"素材库中，选择"小插图"滤镜，如图7-31所示。

步骤 04 按住鼠标左键，并将其拖曳至故事板中的素材图像上方，在"效果"选项面板中单击"自定义滤镜"按钮，如图7-32所示。

步骤 05 弹出"NewBlue 小插图"对话框，拖曳时间轴上的滑块到结尾位置，如图7-33所示。

步骤 06 选择下方的"婚礼"选项，如图7-34所示。

在自定义视频滤镜操作过程中，由于会声会影2019每一种视频滤镜的参数均会有所不同，因此相应的自定义对话框也会有很大的差别，但对这些属性的调节方法大同小异。

图7-31　选择"小插图"滤镜效果

图7-32　单击"自定义滤镜"按钮

图7-33　拖曳滑块到结尾处

图7-34　选择"婚礼"选项

专家指点

在自定义视频滤镜操作过程中，由于会声会影2019每一种视频滤镜的参数均会有所不同，因此相应的自定义对话框也会有很大的差别，但对这些属性的调节方法大同小异。

步骤 07 设置完成后，单击"行"按钮，即可自定义视频滤镜效果，单击导览面板中的"播放"按钮，预览自定义的滤镜效果，如图7-35所示。

图7-35　预览自定义滤镜效果

7.3　调整视频画面的颜色

在会声会影2019中，用户可以根据需要为图像添加视频滤镜，调整素材的亮度和对比度。

本节主要介绍调整视频亮度和对比度的方法。

7.3.1 | 调整视频自动曝光

"自动曝光"滤镜只有一种滤镜预设模式,主要是通过调整图像的光线来达到曝光的效果,适合在光线比较暗的素材上使用。下面介绍使用"自动曝光"滤镜的操作方法。

扫描二维码 获取文件资源	素材文件	素材\第7章\美丽小镇.jpg
	效果文件	效果\第7章\美丽小镇.VSP
	视频文件	视频\第7章\7.3.1　调整视频自动曝光.mp4

🔍 **实战精通85——美丽小镇**

🔍 **步骤 01** 进入会声会影编辑器,在故事板中插入一幅素材图像,如图7-36所示。

🔍 **步骤 02** 在预览窗口中可以预览插入的素材图像效果,如图7-37所示。

图7-36　插入素材图像

图7-37　预览素材效果

> 在会声会影2019中,"暗房"素材库中的"自动曝光"滤镜效果主要是运用从胶片到相片的一个转变过程为影片带来由暗到亮的转变效果。

🔍 **步骤 03** 在"滤镜"素材库中,单击窗口上方的"画廊"按钮,在弹出的列表框中选择"暗房"选项,打开"暗房"素材库,选择"自动曝光"滤镜效果,如图7-38所示。

🔍 **步骤 04** 按住鼠标左键并拖曳至故事板中的图像素材上方,添加"自动曝光"滤镜,单击导览面板中的"播放"按钮,预览"自动曝光"滤镜效果,如图7-39所示。

图7-38　选择"自动曝光"滤镜效果

图7-39　预览"自动曝光"滤镜效果

7.3.2 调整视频亮度和对比度 ★进阶★

在会声会影2019中，如果图像亮度和对比度不足或过度，可通过"亮度和对比度"滤镜调整图像的亮度和对比度效果。下面介绍使用"亮度和对比度"滤镜的操作方法。

扫描二维码 获取文件资源	素材文件	素材\第7章\深夜都市.jpg
	效果文件	效果\第7章\深夜都市.VSP
	视频文件	视频\第7章\7.3.2　调整视频亮度和对比度.mp4

实战精通86——深夜都市

步骤 01 进入会声会影编辑器，在故事板中插入所需的素材图像，如图7-40所示。

步骤 02 在预览窗口中可预览插入的素材图像效果，如图7-41所示。

图7-40　插入素材图像

图7-41　预览素材图像效果

步骤 03 在"暗房"滤镜素材库中，选择"亮度和对比度"滤镜，如图7-42所示，按住鼠标左键并拖曳至故事板中的图像素材上方，添加"亮度和对比度"滤镜。

步骤 04 打开"效果"选项面板，单击下方的"自定义滤镜"按钮，如图7-43所示。

图7-42　选择"亮度和对比度"滤镜效果

图7-43　单击"自定义滤镜"按钮

步骤 05 弹出"亮度和对比度"对话框，在其中设置"亮度"为-10、"对比度"为10，如图7-44所示。

步骤 06 选择最后一个关键帧，设置"亮度"为30、"对比度"为35，如图7-45所示。

步骤 07 设置完成后，单击"确定"按钮，返回会声会影编辑器，单击导览面板中的"播放"按钮，即可预览调整亮度和对比度后的视频滤镜效果，如图7-46所示。

图7-44　设置各选项

图7-45　设置选项

图7-46　预览视频滤镜效果

7.3.3 ‖ 调整视频色彩平衡

　　在会声会影2019中，用户可以通过应用"色彩平衡"视频滤镜，还原照片色彩。下面介绍使用"色彩平衡"滤镜的操作方法。

扫描二维码获取文件资源	素材文件	素材\第7章\鲜花情缘.jpg
	效果文件	效果\第7章\鲜花情缘.VSP
	视频文件	视频\第7章\7.3.3　调整视频色彩平衡.mp4

🔍 实战精通87——鲜花情缘

🔍 **步骤 01** 进入会声会影编辑器，在故事板中插入所需的素材图像，如图7-47所示。

步骤 02 在预览窗口中可预览插入的素材图像效果，如图7-48所示。

图7-47　插入素材图像

图7-48　预览素材图像效果

步骤 03 打开"暗房"素材库，在其中选择"颜色平衡"滤镜效果，如图7-49所示。

步骤 04 按住鼠标左键并将其拖曳至故事板中的素材图像上，在"效果"选项面板中单击"自定义滤镜"按钮，如图7-50所示。

图7-49　选择"颜色平衡"滤镜效果

图7-50　单击"自定义滤镜"按钮

步骤 05 弹出"色彩平衡"对话框，选择最后一个关键帧，设置"红"为41、"绿"为57、"蓝"为112，如图7-51所示。

步骤 06 设置完成后，单击"确定"按钮，即可完成"颜色平衡"滤镜效果的制作，在预览窗口中可预览色彩平衡滤镜效果，如图7-52所示。

图7-51　设置各参数

图7-52　预览"色彩平衡"滤镜效果

7.3.4 消除视频偏色效果 ★进阶★

若素材图像添加"色彩平衡"滤镜效果后，还存在偏色的现象，用户可在其中添加关键帧，以消除偏色。下面介绍消除偏色的操作方法。

扫描二维码 获取文件资源	素材文件	素材\第7章\乡村生活.jpg
	效果文件	效果\第7章\乡村生活.VSP
	视频文件	视频\第7章\7.3.4 消除视频偏色效果.mp4

实战精通88——乡村生活

步骤 01 进入会声会影编辑器，在故事板中插入所需的素材图像，如图7-53所示。

步骤 02 在预览窗口中可预览插入的素材图像效果，如图7-54所示。

图7-53 插入素材图像

图7-54 预览素材图像效果

步骤 03 为素材添加"色彩平衡"滤镜效果，在"效果"选项面板中单击"自定义滤镜"按钮，如图7-55所示。

步骤 04 弹出"色彩平衡"对话框，将时间指示器移至00:00:02:00的位置，如图7-56所示。

图7-55 单击"自定义滤镜"按钮

图7-56 移动时间指示器

步骤 05 单击"添加关键帧"按钮，添加关键帧，设置"红"为-30、"绿"为43、"蓝"为-5，如图7-57所示。

图7-57 设置各参数

步骤 06 单击"确定"按钮，返回会声会影编辑器，单击导览面板中的"播放"按钮，即可预览滤镜效果，如图7-58所示。

图7-58　预览滤镜效果

7.4 通过滤镜制作视频特效

在会声会影2019中，为用户提供了大量的滤镜效果，用户可以根据需要应用这些滤镜效果，制作出精美的画面。本节主要介绍通过滤镜制作各种视频特效的操作方法。

◀ 7.4.1 ‖ 制作人物面部马赛克特效 ▶

在会声会影2019中，使用"裁剪"滤镜与"马赛克"滤镜可以制作出人物面部马赛克特效。

扫描二维码 获取文件资源	素材文件	素材\第7章\可爱女孩.jpg
	效果文件	效果\第7章\可爱女孩.VSP
	视频文件	视频\第7章\7.4.1　制作人物面部马赛克特效.mp4

🔍 **实战精通89——可爱女孩** ▶

步骤 01 进入会声会影编辑器，在故事板中插入一幅素材图像，切换至时间轴视图模式，将视频轨中的素材复制到覆叠轨中，如图7-59所示。

步骤 02 在预览窗口中，拖动控制柄调整覆叠素材与视频轨素材大小一致，如图7-60所示。

图7-59　复制素材到覆叠轨　　　　　　　　图7-60　调整素材大小

步骤 03 在"二维映射"滤镜素材库中，选择"修剪"滤镜，如图7-61所示。

步骤 04 将滤镜添加至覆叠素材上，然后在"效果"选项面板中单击"自定义滤镜"按钮，如图7-62所示。

图7-61 选择"修剪"滤镜

图7-62 单击"自定义滤镜"按钮

步骤 05 弹出"修剪"对话框，在下方设置"宽度"为20、"高度"为20、"填充色"为白色，调整修剪区域，如图7-63所示，选择第2个关键帧，设置相同的参数和修剪区域。

图7-63 设置各参数调整修剪区域

步骤 06 单击"确定"按钮，在预览窗口中可以查看图像效果，如图7-64所示。

步骤 07 在"效果"选项面板中，单击"遮罩和色度键"按钮，如图7-65所示。

图7-64 查看图像效果

图7-65 单击"遮罩和色度键"按钮

步骤 08 进入相应选项面板，选中"应用覆叠选项"复选框，设置"类型"为"色度键"，如图7-66所示。

步骤 09 置"针对遮罩的色彩相似度"为0，吸取颜色为白色，如图7-67所示，对素材进行抠图操作。

图7-66　设置为"色度键"　　　　　　　　　图7-67　吸取颜色为白色

🔍 **步骤 10** 返回上一个面板，取消选中"替换上一个滤镜"复选框，然后在"相机镜头"滤镜
素材库中，选择"马赛克"滤镜效果，如图7-68所示。

🔍 **步骤 11** 将选择的"马赛克"滤镜效果拖曳至覆叠轨中的素材文件上，在选项面板中可以查
看添加的"马赛克"滤镜效果，如图7-69所示。

图7-68　选择"马赛克"滤镜效果　　　　　　图7-69　为素材添加"马赛克"滤镜

🔍 **步骤 12** 单击"播放"按钮，即可预览人物面部马赛克特效的制作效果，如图7-70所示。

图7-70　预览人物面部马赛克特效

◀ 7.4.2 ‖ 制作视频下雨的场景特效　★进阶★ ▶

　　在会声会影2019中，"雨点"滤镜可以在画面上添加雨丝的效果，模仿大自然中下雨的场
景。下面介绍制作视频下雨的场景特效。

扫描二维码 获取文件资源	素材文件	素材\第7章\乌云密布.jpg
	效果文件	效果\第7章\乌云密布.VSP
	视频文件	视频\第7章\7.4.2　制作视频下雨的场景特效.mp4

步骤 01 进入会声会影编辑器,在故事板中插入一幅素材图像,如图7-71所示。

步骤 02 在"滤镜"素材库中,单击窗口上方的"画廊"按钮,在弹出的列表框中选择"特殊"选项,如图7-72所示。

图7-71 插入素材图像

图7-72 选择"特殊"选项

步骤 03 在"特殊"滤镜组中,选择"雨点"滤镜效果,如图7-73所示。

步骤 04 按住鼠标左键并拖曳至故事板中的图像素材上方,添加"雨点"滤镜,在"效果"选项面板中单击"自定义滤镜"按钮,如图7-74所示。

图7-73 选择"雨点"滤镜效果

图7-74 单击"自定义滤镜"按钮

步骤 05 弹出"雨点"对话框,选择第1个关键帧,在下方设置"密度"为1251,如图7-75所示;选择最后一个关键帧,设置"密度"为1100。

图7-75 设置"密度"参数值

步骤 06 设置完成后，单击"确定"按钮，即可制作出视频下雨的场景特效，单击"播放"按钮，预览视频特效，如图7-76所示。

图7-76　制作视频下雨的场景特效

7.4.3 ‖ 制作大雪纷飞的视频特效　★进阶★

在会声会影2019中，使用"雨点"滤镜不仅可以制作出下雨的效果，还可以模仿大自然中下雪的场景，制作出大雪纷飞的视频特效。

扫描二维码 获取文件资源	素材文件	素材\第7章\雪花飞舞.jpg
	效果文件	效果\第7章\雪花飞舞.VSP
	视频文件	视频\第7章\7.4.3　制作大雪纷飞的视频特效.mp4

实战精通91——雪花飞舞

步骤 01 进入会声会影编辑器，在故事板中插入一幅素材图像，如图7-77所示。

步骤 02 在"滤镜"素材库中，单击窗口上方的"画廊"按钮，在弹出的列表框中选择"特殊"选项，在"特殊"滤镜组中选择"雨点"滤镜效果，按住鼠标左键并拖曳至故事板中的图像素材上方，添加"雨点"滤镜，切换至"效果"选项面板，在"效果"面板中单击"自定义滤镜"按钮，如图7-78所示。

图7-77　插入素材图像　　　　　图7-78　单击"自定义滤镜"按钮

步骤 03 弹出"雨点"对话框，选择第1个关键帧，设置"密度"为1200、"长度"为6、"宽度"为50、"背景模糊"为15、"变化"为65，如图7-79所示。

步骤 04 选择最后一个关键帧，设置"密度"为1300、"长度"为5、"宽度"为50、"背景模糊"为15、"变化"为50，如图7-80所示。

图7-79　设置第1个关键帧参数

图7-80　设置最后一个关键帧参数

🔍步骤 **05** 设置完成后，单击"确定"按钮，单击导览面板中的"播放"按钮，即可预览制作的雪花纷飞画面特效，如图7-81所示。

图7-81　预览雪花纷飞画面特效

◀ 7.4.4 ‖ 制作极具年代感的老电影 ▶

在会声会影2019中，运用"老电影"滤镜可以制作出极具年代感的老电影画面特效。下面介绍制作古装老电影视频效果的操作方法。

扫描二维码 获取文件资源	素材文件	素材\第7章\年代小镇.jpg
	效果文件	效果\第7章\年代小镇.VSP
	视频文件	视频\第7章\7.4.4　制作极具年代感的老电影.mp4

实战精通92——年代小镇

步骤 01 进入会声会影编辑器,在故事板中插入一幅素材图像,如图7-82所示。

步骤 02 在"滤镜"素材库中,单击窗口上方的"画廊"按钮,在弹出的列表框中选择"标题效果"选项,如图7-83所示。

图7-82 插入素材图像

图7-83 选择"标题效果"选项

步骤 03 打开"标题效果"素材库,在其中选择"老电影"滤镜效果,如图7-84所示。

步骤 04 按住鼠标左键并拖曳至故事板中的图像素材上方,添加"老电影"滤镜,切换至"效果"选项面板,单击"自定义滤镜"按钮左侧的下拉按钮,在弹出的列表框中选择第1行第2个预设样式,如图7-85所示。

图7-84 选择"老电影"滤镜效果

图7-85 选择第1行第2个预设样式

步骤 05 执行上述操作后,单击导览面板中的"播放"按钮,即可预览制作的极具年代感的老电影画面特效,如图7-86所示。

图7-86 极具年代感的老电影画面特效

7.4.5 ‖ 制作电视画面回忆特效

在会声会影2019中，"双色调"是"相机镜头"素材库中一个比较常用的滤镜，运用"双色调"滤镜可以制作出电视画面回忆的效果。下面介绍应用"双色调"滤镜制作电视画面回忆效果的操作方法。

扫描二维码 获取文件资源	素材文件	素材\第7章\回忆幸福.jpg
	效果文件	效果\第7章\回忆幸福.VSP
	视频文件	视频\第7章\7.4.5　制作电视画面回忆特效.mp4

实战精通93——回忆幸福

步骤 01　进入会声会影编辑器，在故事板中插入一幅素材图像，如图7-87所示。

步骤 02　在预览窗口中可以预览图像效果，如图7-88所示。

图7-87　插入素材图像

图7-88　预览图像效果

步骤 03　在"相机镜头"滤镜素材库中，选择"双色调"滤镜，按住鼠标左键并拖曳至故事板中的图像素材上方，添加"双色调"滤镜，在"效果"选项面板中单击"自定义滤镜"左侧的下拉按钮，在弹出的列表框中选择第2行第1个预设样式，如图7-89所示。

步骤 04　执行上述操作后，单击导览面板中的"播放"按钮，即可在预览窗口中预览制作的电视画面回忆特效，如图7-90所示。

图7-89　选择预设样式

图7-90　预览电视画面回忆特效

7.4.6 ‖ 制作空间个性化签名效果　★进阶★

在会声会影2019中，用户可以通过"自动草绘"滤镜制作出属于自己的动态签名档效果。

将签名档图像制作完成后，可自行上传至朋友圈、百度贴吧、微博、抖音等平台，制作个性化签名档。下面介绍应用"自动草绘"滤镜制作空间个性化签名效果的操作方法。

扫描二维码 获取文件资源	素材文件	素材\第7章\签名自拍.jpg
	效果文件	效果\第7章\签名自拍.VSP
	视频文件	视频\第7章\7.4.6　制作空间个性化签名效果.mp4

实战精通94——签名自拍

步骤 01 进入会声会影编辑器，在故事板中插入一幅素材图像，如图7-91所示，在预览窗口中可以预览图像效果。

步骤 02 在"滤镜"素材库中，单击窗口上方的"画廊"按钮，在弹出的列表框中选择"自然绘图"选项，在"自然绘图"滤镜组中选择"自动草绘"滤镜效果，如图7-92所示。

图7-91　插入素材图像

图7-92　选择"自动草绘"滤镜

步骤 03 按住鼠标左键并拖曳至故事板中的图像素材上方，添加"自动草绘"滤镜，单击导览面板中的"播放"按钮，即可预览空间个性化签名效果，如图7-93所示。

图7-93　预览空间个性化签名效果

◀ 7.4.7 ‖ 制作星球旋转短视频特效　★进阶★　▶

在会声会影2019中，用户可以使用"鱼眼"滤镜来制作球形状态效果，通过"自定义动作"命令可以制作旋转效果。下面介绍制作星球旋转短视频特效的方法。

扫描二维码 获取文件资源	素材文件	素材\第7章\两小无猜.VSP
	效果文件	效果\第7章\两小无猜.VSP
	视频文件	视频\第7章\7.4.7　制作星球旋转短视频特效.mp4

步骤 01 进入会声会影编辑器,打开一个项目文件,在预览窗口中可以预览项目效果,如图7-94所示。

步骤 02 在时间轴面板中,选择覆叠轨中的素材,如图7-95所示。

图7-94　预览项目效果

图7-95　选择覆叠轨中的素材

步骤 03 在"效果"选项面板中,单击"遮罩和色度键"按钮,如图7-96所示。

步骤 04 选中"应用覆叠选项"复选框,设置"类型"为"遮罩帧",如图7-97所示。

图7-96　单击"遮罩和色度键"按钮

图7-97　设置"类型"为"遮罩帧"

步骤 05 在选项面板右侧,选择第1行第1个遮罩样式,如图7-98所示。

步骤 06 在"滤镜"素材库中,单击窗口上方的"画廊"按钮,在弹出的列表框中选择"三维纹理映射"选项,如图7-99所示。

图7-98　选择相应遮罩样式

图7-99　选择"三维纹理映射"选项

步骤 07 在"三维纹理映射"滤镜素材库中,选择"鱼眼"滤镜效果,如图7-100所示。

步骤 08 按住鼠标左键并拖曳至覆叠轨中的图像素材上方,添加"鱼眼"滤镜,在选项面板中可以查看添加的滤镜效果，如图7-101所示。

图7-100　选择"鱼眼"滤镜效果

图7-101　查看添加的滤镜效果

步骤 09 在下方选中"高级动作"单选按钮，即可弹出"自定义动作"对话框，如图7-102所示。

步骤 10 在"大小"选项区中，设置X和Y参数为35，如图7-103所示。

图7-102　"自定义动作"对话框

图7-103　设置参数

步骤 11 将时间指示器滑块移动至0:00:01:015的位置，单击"添加关键帧"按钮，添加一个关键帧，如图7-104所示。

步骤 12 在"大小"选项区中，设置X和Y参数为45，在"旋转"选项区中设置Z参数为-180，如图7-105所示。

图7-104　单击"添加关键帧"按钮

图7-105　设置关键帧参数

步骤 13 将时间指示器滑块移动至结束位置，单击鼠标左键，选中最后一个关键帧，如图7-106所示。

步骤 14 在"大小"选项区中，设置X和Y参数为80；在"旋转"选项区中，设置Z参数为-360，单击"确定"按钮，如图7-107所示。

图7-106 选中最后一个关键帧　　　　　图7-107 单击"确定"按钮

步骤 15 执行上述操作后，在预览窗口中可以预览制作的星球旋转效果，如图7-108所示。

图7-108 预览制作的星球旋转效果

◀ 7.4.8 ‖ 为视频二维码添加马赛克 ▶

在会声会影2019中，"像素化"是"NewBlue视频精选Ⅰ"素材库中一个比较常用的滤镜，运用"像素化"滤镜可以为视频二维码添加马赛克。下面介绍使用"像素化"滤镜为视频二维码添加马赛克的方法。

扫描二维码 获取文件资源	素材文件	素材\第7章\果汁饮品.mpg
	效果文件	效果\第7章\果汁饮品.VSP
	视频文件	视频\第7章\7.4.8　为视频二维码添加马赛克.mp4

🔍 实战精通96——果汁饮品 ▶

步骤 01 进入会声会影编辑器，在视频轨中插入一段视频素材，如图7-109所示。

步骤 02 在"滤镜"素材库中，单击窗口上方的"画廊"按钮，在弹出的列表框中选择"NewBlue视频精选Ⅰ"选项，在"NewBlue视频精选Ⅰ"滤镜组中选择"像素化"滤镜效果，如图7-110所示，按住鼠标左键并拖曳至视频轨中的视频素材上方，添加"像素化"滤镜。

步骤 03 在"效果"选项面板中，单击"自定义滤镜"按钮，如图7-111所示。

步骤 04 执行操作后，弹出"NewBlue像素化"对话框，取消选中"使用关键帧"复选框，在左侧设置X参数为-55.8、Y为-58.1、"宽度"为20.0、"高度"为25、"块大小"为15，如图7-112所示。

图7-109 插入视频素材

图7-110 选择"像素化"滤镜效果

图7-111 单击"自定义滤镜"按钮

图7-112 设置参数

在"NewBlue像素化"对话框中,还提供了5种局部马赛克特效样式,用户可根据需要选择应用。

步骤 05 执行上述操作后,单击"行"按钮,回到会声会影界面,单击导览面板中的"播放"按钮,即可预览视频效果,如图7-113所示。

图7-113 预览视频效果

7.4.9 制作动态聚光灯光线特效 ★进阶★

在一些舞台剧中,经常会用到灯光效果,在会声会影2019中,运用"光线"滤镜可以制作出聚光灯光线特效。下面介绍具体的操作方法。

扫描二维码 获取文件资源	素材文件	素材\第7章\春暖花开.jpg
	效果文件	效果\第7章\春暖花开.VSP
	视频文件	视频\第7章\7.4.9 制作动态聚光灯光线特效.mp4

实战精通97——春暖花开

步骤 01 进入会声会影编辑器,在视频轨中插入一幅素材图像,如图7-114所示。

步骤 02 在"滤镜"素材库中,单击窗口上方的"画廊"按钮,在弹出的列表框中选择"暗房"选项,如图7-115所示。

图7-114 插入素材图像

图7-115 选择"暗房"选项

步骤 03 在"暗房"滤镜素材库中,选择"光线"滤镜,如图7-116所示。

步骤 04 按住鼠标左键拖曳"光线"滤镜至视频轨中的素材文件上,展开"效果"选项面板,单击"自定义滤镜"按钮,如图7-117所示。

图7-116 选择"光线"滤镜

图7-117 单击"自定义滤镜"按钮

步骤 05 弹出"光线"对话框,设置"高度"为18、"倾斜"为220、"发散"为50,如图7-118所示。

步骤 06 选择最后一个关键帧,设置"高度"为10、"倾斜"为220、"发散"为16,并在上方窗口中调整聚光位置,然后单击"确定"按钮,如图7-119所示。

步骤 07 执行操作后,单击导览面板中的"播放"按钮,即可预览制作的动态聚光灯光线效果,如图7-120所示。

图7-118　设置参数

图7-119　单击"确定"按钮

图7-120　预览制作效果

专家指点

用户还可以在"效果"选项面板中，单击"自定义滤镜"左侧的下拉按钮，在弹出的下拉列表框中选择光线预设样式，制作更多不一样的舞台灯光效果视频。

第8章

制作视频转场特效

学习提示

在会声会影2019中，从某种角度来说，转场就是一种特殊的滤镜效果，它可以在两个图像或视频素材之间创建某种过渡效果，使视频更具有吸引力。本章主要介绍制作视频转场特效的方法，主要包括转场的基本操作、添加单色过渡画面以及转场效果的精彩应用等。

🗑 CLEAR　　⬆ SUBMIT

本章重点导航

- ■ 实战精通98——可爱动物
- ■ 实战精通99——城市的夜
- ■ 实战精通100——山水河畔
- ■ 实战精通101——美食天下
- ■ 实战精通102——添加到收藏夹
- ■ 实战精通103——从收藏夹中删除
- ■ 实战精通104——丽水靓影
- ■ 实战精通105——老虎视频
- ■ 实战精通106——旅游景点

- ■ 实战精通107——彩色雕塑
- ■ 实战精通108——山间花草
- ■ 实战精通109——高原风光
- ■ 实战精通110——花朵盛开
- ■ 实战精通111——摩天大厦
- ■ 实战精通112——日出山头
- ■ 实战精通113——辽阔草原
- ■ 实战精通114——古镇景色
- ■ 实战精通115——旅行打卡

🗑 CLEAR　　⬆ SUBMIT

8.1　9种转场的基本操作

若转场效果运用得当，可以增加影片的观赏性和流畅性，从而提高影片的艺术档次。相反，若运用不当，有时会使观众产生错觉，或者产生画蛇添足的效果，也会大大降低影片的观赏价值。

本节主要介绍转场效果的基本操作，包括添加转场效果、替换转场效果、移动转场效果以及删除转场效果等。

◀ 8.1.1 ∥ 自动添加转场 ▶

在会声会影2019中，当用户需要在大量的静态照片之间加入转场效果时，自动添加转场效果最为方便，不过自动添加的转场都是随机的，如果用户不满意，也可以手动替换转场效果。下面介绍自动添加转场效果的操作方法。

扫描二维码 获取文件资源	素材文件	素材\第8章\可爱动物1.jpg、可爱动物2.jpg
	效果文件	效果\第8章\可爱动物.VSP
	视频文件	视频\第8章\8.1.1　自动添加转场.mp4

🔍 实战精通98——可爱动物 ▶

🔍 步骤 01　进入会声会影编辑器，选择"设置"|"参数选择"命令，如图8-1所示。

🔍 步骤 02　执行上述操作后，弹出"参数选择"对话框，如图8-2所示。

图8-1　选择"参数选择"命令

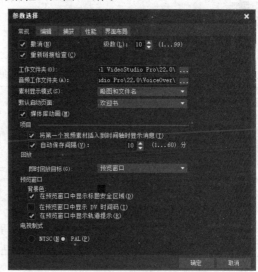

图8-2　弹出"参数选择"对话框

🔍 步骤 03　切换至"编辑"选项卡，选中"自动添加转场效果"复选框，如图8-3所示。

🔍 步骤 04　单击"确定"按钮，返回会声会影编辑器，在视频轨中插入两幅素材图像，如图8-4所示。

🔍 步骤 05　单击导览面板中的"播放"按钮，预览自动添加的转场效果，如图8-5所示。

图8-3 选中"自动添加转场效果"复选框

图8-4 插入两幅素材图像

图8-5 预览自动添加的转场效果

8.1.2 ‖ 手动添加转场

会声会影2019为用户提供了上百种的转场效果,用户可根据需要手动添加适合的转场效果,从而制作出绚丽多彩的视频作品。下面介绍手动添加转场的操作方法。

扫描二维码 获取文件资源	素材文件	素材\第8章\城市的夜1.jpg、城市的夜2.jpg
	效果文件	效果\第8章\城市的夜.VSP
	视频文件	视频\第8章\8.1.2 手动添加转场.mp4

🔍 **实战精通99——城市的夜**

🔍 **步骤 01** 进入会声会影编辑器,在故事板中插入两幅素材图像,如图8-6所示。

🔍 **步骤 02** 在素材库的左侧,单击"转场"按钮,如图8-7所示。

🔍 **步骤 03** 切换至"转场"素材库,单击素材库上方的"画廊"按钮,在弹出的下拉列表中选择"三维"选项,如图8-8所示。

🔍 **步骤 04** 打开三维转场组,在其中选择"对开门"转场效果,如图8-9所示。

🔍 **步骤 05** 按住鼠标左键并将其拖曳至故事板中两幅素材图像之间的方格中,如图8-10所示。

🔍 **步骤 06** 释放鼠标左键,即可添加"对开门"转场效果,如图8-11所示。

🔍 **步骤 07** 在导览面板中单击"播放"按钮,预览手动添加的转场效果,如图8-12所示。

图8-6　插入两幅素材图像

图8-7　单击"转场"按钮

图8-8　选择"三维"选项

图8-9　选择"对开门"转场效果

图8-10　拖曳至两幅素材图像之间

图8-11　添加"对开门"转场效果

图8-12　预览手动添加的转场效果

进入"转场"素材库后,默认状态下显示"收藏夹"转场组,用户可以将其他类别中常用的转场效果添加至"收藏夹"转场组中,方便以后调用到其他视频素材之间,提高视频编辑效率。

◀ 8.1.3 ▏ 对素材应用随机效果 ▶

在会声会影2019中,当用户在故事板中添加了素材图像后,还可以为其添加随机的转场效果,该操作既方便又快捷。下面介绍对素材应用随机效果的操作方法。

扫描二维码 获取文件资源	素材文件	素材\第8章\山水河畔1.jpg、山水河畔2.jpg
	效果文件	效果\第8章\山水河畔.VSP
	视频文件	视频\第8章\8.1.3 对素材应用随机效果.mp4

🔍 **实战精通100——山水河畔** ▶

🔍 **步骤 01** 进入会声会影编辑器,在故事板中插入两幅素材图像,如图8-13所示。

🔍 **步骤 02** 单击"转场"按钮,切换至"转场"选项卡,单击窗口上方的"对视频轨应用随机效果"按钮,如图8-14所示。

图8-13 插入素材图像

图8-14 单击相应按钮

🔍 **步骤 03** 执行上述操作后,即可对素材应用随机转场效果,单击导览面板中的"播放"按钮,预览添加的随机转场效果,如图8-15所示。

图8-15 预览随机转场效果

若当前项目中已经应用了转场效果，单击"对视频轨应用随机效果"按钮时，将弹出信息提示框，单击"否"按钮，将保留原先的转场效果，并在其他素材之间应用随机的转场效果；单击"是"按钮，将用随机的转场效果替换原先的转场效果。

8.1.4 ▌对素材应用当前效果

在会声会影2019中，运用"对素材应用当前效果"按钮，可以将当前选择的转场效果应用到当前项目的所有素材之间。下面介绍对素材应用当前效果的操作方法。

扫描二维码 获取文件资源	素材文件	素材\第8章\美食天下1.jpg、美食天下2.jpg
	效果文件	效果\第8章\美食天下.VSP
	视频文件	视频\第8章\8.1.4　对素材应用当前效果.mp4

🔍 实战精通101——美食天下 ▶

🔍步骤 01 进入会声会影编辑器，在故事板中插入两幅素材图像，如图8-16所示。

🔍步骤 02 单击"转场"按钮，切换至"转场"选项卡，单击窗口上方的"画廊"按钮，在弹出的列表框中选择"擦拭"选项，如图8-17所示。

图8-16　插入素材图像

图8-17　选择"擦拭"选项

🔍步骤 03 打开"擦拭"素材库，在其中选择"百叶窗"转场效果，单击"对视频轨应用当前效果"按钮，如图8-18所示。

🔍步骤 04 即可在故事板中的图像素材之间添加"百叶窗"转场效果，如图8-19所示。

图8-18　选择"百叶窗"转场效果

图8-19　添加"百叶窗"转场效果

🔍步骤 05 将时间线移至素材的开始位置，单击导览面板中的"播放"按钮，预览添加的转场效果，如图8-20所示。

图8-20 预览转场效果

8.1.5 添加到收藏夹

在会声会影2019中，如果用户需要经常使用某个转场效果，可以将其添加到收藏夹中，以便日后使用。下面介绍添加到收藏夹的操作方法。

扫描二维码 获取文件资源	素材文件	无
	效果文件	无
	视频文件	视频\第8章\8.1.5　添加到收藏夹.mp4

实战精通102——添加到收藏夹

步骤 01 进入会声会影编辑器，单击"转场"按钮，切换至"转场"选项卡，单击窗口上方的"画廊"按钮，在弹出的列表框中选择"时钟"选项，如图8-21所示。

步骤 02 打开"时钟"素材库，在其中选择"翻转"转场效果，如图8-22所示。

图8-21 选择"时钟"选项　　　　　图8-22 选择"翻转"转场效果

> **专家指点**
>
> 在会声会影2019中，选择需要添加到收藏夹的转场效果后，单击鼠标右键，在弹出的快捷菜单中选择"添加到收藏夹"命令，也可将转场效果添加至收藏夹中。

步骤 03 单击窗口上方的"添加到收藏夹"按钮，如图8-23所示。

步骤 04 执行上述操作后，打开"收藏夹"素材库，可以查看添加的"翻转"转场效果，如

图8-24所示。

图8-23　单击"添加到收藏夹"按钮 　　　　　图8-24　查看转场效果

8.1.6 ‖ 从收藏夹中删除

在会声会影2019中，将转场效果添加至收藏夹后，如果不再需要该转场效果，可以将其从收藏夹中删除。下面介绍从收藏夹删除的操作方法。

扫描二维码 获取文件资源	素材文件	无
	效果文件	无
	视频文件	视频\第8章\8.1.6　从收藏夹中删除.mp4

实战精通103——从收藏夹中删除

步骤 01 进入会声会影编辑器，单击"转场"按钮，切换至"转场"选项卡，进入"收藏夹"素材库，在其中选择需要删除的转场效果，单击鼠标右键，在弹出的快捷菜单中选择"删除"命令，如图8-25所示。

步骤 02 执行上述操作后，弹出提示信息框，提示是否删除此略图，单击"是"按钮，如图8-26所示，即可从收藏夹中删除该转场效果。

图8-25　选择"删除"命令 　　　　　图8-26　单击"是"按钮

专家指点

在会声会影2019中，除了可以运用以上方法删除转场效果外，用户还可以在"收藏夹"转场素材库中选择该转场效果，然后按【Delete】键，也可以弹出提示信息框，单击"是"按钮，即可删除转场效果。

8.1.7 ▏替换转场效果

在会声会影2019中，在图像素材之间添加相应的转场效果后，如果用户对该转场效果不满意，可以对其进行替换。下面介绍替换转场效果的操作方法。

扫描二维码 获取文件资源	素材文件	素材\第8章\丽水靓影.VSP
	效果文件	效果\第8章\丽水靓影.VSP
	视频文件	视频\第8章\8.1.7 替换转场效果.mp4

🔍 实战精通104——丽水靓影 ➡

步骤 01 进入会声会影编辑器，打开一个项目文件，如图8-27所示。

步骤 02 单击导览面板中的"播放"按钮，预览打开的项目效果，如图8-28所示。

专家指点 在会声会影2019中，当用户对转场效果进行替换操作后，如果发现替换后的转场效果还没有之前的转场效果漂亮，可以按快捷键【Ctrl＋Z】对替换操作进行撤销，还原至之前的转场效果。

图8-27 打开项目文件

图8-28 预览项目效果

步骤 03 切换至"转场"选项卡，在"过滤"素材库中选择"爆裂"转场效果，如图8-29所示。

步骤 04 按住鼠标左键并拖曳至故事板中的两幅素材图像之间，替换之前添加的转场效果，如图8-30所示。

图8-29 选择"爆裂"转场效果

图8-30 替换转场效果

步骤 05 执行上述操作后，单击导览面板中的"播放"按钮，预览已替换的转场效果，如图8-31所示。

图8-31 预览已替换的转场效果

◀ 8.1.8 ‖ 移动转场效果 ▶

在会声会影2019中，若用户需要调整转场效果的位置，可先选择需要移动的转场效果，然后再将其拖曳至合适位置。下面介绍移动转场效果的操作方法。

扫描二维码 获取文件资源	素材文件	素材\第8章\老虎视频.VSP
	效果文件	效果\第8章\老虎视频.VSP
	视频文件	视频\第8章\8.1.8 移动转场效果.mp4

🔍 实战精通105——老虎视频 ▶

🔍步骤 01 进入会声会影编辑器，打开一个项目文件，单击导览面板中的"播放"按钮，预览打开的项目效果，如图8-32所示。

图8-32 预览项目效果

🔍步骤 02 在故事板中选择第1张图像与第2张图像之间的转场效果，按住鼠标左键并拖曳至第2张图像与第3张图像之间，如图8-33所示。

🔍步骤 03 释放鼠标左键，即可移动转场效果，如图8-34所示。

图8-33 拖曳转场效果　　　　　　　　图8-34 移动转场效果

步骤 04 执行上述操作后，单击导览面板中的"播放"按钮，即可预览移动转场后的效果，如图8-35所示。

图8-35 预览转场效果

8.1.9 ▎删除转场效果

在会声会影2019中，为素材添加转场效果后，若用户对添加的转场效果不满意，用户可以将其删除。下面介绍删除转场效果的操作方法。

扫描二维码 获取文件资源	素材文件	素材\第8章\旅游景点.VSP
	效果文件	效果\第8章\旅游景点.VSP
	视频文件	视频\第8章\8.1.9 删除转场效果.mp4

🔍 实战精通106——旅游景点

步骤 01 进入会声会影编辑器，打开一个项目文件，单击导览面板中的"播放"按钮，预览打开的项目效果，如图8-36所示。

图8-36 预览项目效果

专家指点

在会声会影2019中，用户还可以在故事板上选择要删除的转场效果，然后按【Delete】键，也可删除添加的转场效果。

步骤 02 在故事板中选择需要删除的转场效果，单击鼠标右键，在弹出的快捷菜单中选择"删除"命令，如图8-37所示。

步骤 03 执行上述操作后，即可删除转场效果，如图8-38所示。

图8-37　选择"删除"命令　　　　　　图8-38　删除转场效果

步骤 04 在导览面板中单击"播放"按钮，预览删除转场后的视频画面，如图8-39所示。

图8-39　预览删除转场后的视频画面

8.2 设置转场应用选项面板

在会声会影2019中，在图像素材之间添加转场效果后，可以通过选项面板设置转场的属性，如设置转场边框效果、改变转场边框色彩以及调整转场的时间长度等。本节主要介绍设置转场应用选项面板的方法。

◀ 8.2.1 ▌设置转场边框效果 ▶

在会声会影2019中，可以为转场效果设置相应的边框样式，从而为转场效果锦上添花，加强效果的审美度。下面介绍设置转场边框效果的操作方法。

扫描二维码获取文件资源	素材文件	素材\第8章\彩色雕塑1.jpg、彩色雕塑2.jpg
	效果文件	效果\第8章\彩色雕塑.VSP
	视频文件	视频\第8章\8.2.1　设置转场边框效果.mp4

🔍 **实战精通107——彩色雕塑**

步骤 01 进入会声会影编辑器，在故事板中插入两幅素材图像，如图8-40所示。

步骤 02 切换至"转场"选项卡，单击窗口上方的"画廊"按钮，在弹出的列表框中选择"擦拭"选项，打开"擦拭"素材库，选择"圆形"转场效果，如图8-41所示。

| 图8-40 插入素材图像 | 图8-41 选择"圆形"转场效果 |

步骤 03 按住鼠标左键并拖曳至故事板中的两幅素材图像之间，添加"圆形"转场效果，如图8-42所示。

步骤 04 单击"显示选项面板"按钮，打开"转场"选项面板，在"边框"数值框中输入1，默认"色彩"为白色，如图8-43所示。

| 图8-42 添加"圆形"转场效果 | 图8-43 设置边框属性 |

专家指点

在会声会影2019中，转场边框宽度的取值范围为0～10，用户可以通过输入数值参数的方式，设置转场效果的边框宽度，还可以单击"边框"数值框右侧的上下微调按钮，设置"边框"的参数值，在下方还可以设置边框的柔化边缘属性，用户可以根据影片的需求合理运用。

步骤 05 单击导览面板中的"播放"按钮，即可在预览窗口中预览设置转场边框后的效果，如图8-44所示。

图8-44 预览设置转场边框后的效果

8.2.2 ‖ 改变转场边框色彩

　　在会声会影2019中，"转场"选项面板中的"色彩"选项区主要是用于设置转场效果的边框颜色。该选项提供了多种颜色样式，用户可根据需要进行相应的选择。下面介绍改变转场边框色彩的操作方法。

扫描二维码 获取文件资源	素材文件	素材\第8章\山间花草.VSP
	效果文件	效果\第8章\山间花草.VSP
	视频文件	视频\第8章\8.2.2　改变转场边框色彩.mp4

实战精通108——山间花草

步骤 01 进入会声会影编辑器，打开一个项目文件，如图8-45所示。

步骤 02 单击导览面板中的"播放"按钮，预览打开的项目效果，如图8-46所示。

图8-45　打开项目文件

图8-46　预览项目效果

> **专家指点**
>
> 在"色彩"列表框中，还可以通过"Windows色彩选取器"功能设置转场的多种颜色。

步骤 03 在故事板中选择需要设置的转场效果，在"转场"选项面板中，单击"色彩"选项右侧的色块，在弹出的颜色面板中选择相应的转场颜色，如图8-47所示。

步骤 04 执行上述操作后，即可更改转场边框的颜色效果，如图8-48所示。

图8-47　选择相应的颜色

图8-48　更改转场的颜色

在"转场"选项面板中，各主要选项含义如下。

❶ **"区间"数值框**：该数值框用于调整转场播放时间的长度，显示了当前播放所选转场所需的时间，时间码上的数字代表"小时:分钟:秒:帧"，单击其右侧的微调按钮，可以调整数值的大小，也可以单击时间码上的数字，待数字处于闪烁状态时，输入新的数字后按【Enter】键确认，即可改变原来视频转场的播放时间长度。

❷ **"边框"数值框**：在"边框"右侧的数值框中，用户可以输入相应的数值来改变边框的宽度，单击其右侧的微调按钮，可以调整数值的大小。

❸ **"色彩"色块**：单击"色彩"右侧的色块按钮，在弹出的颜色面板中，用户可根据需要改变转场边框的颜色。

❹ **"柔化边缘"按钮**：该选项右侧有4个按钮，代表转场的4种柔化边缘程度，用户可根据需要单击相应的按钮，设置相应的柔化边缘效果。

❺ **"方向"按钮**：单击"方向"选项区中的按钮，可以决定转场效果的播放方向。

🔍 **步骤 05** 单击导览面板中的"播放"按钮，即可在预览窗口中预览设置转场边框色彩后的效果，如图8-49所示。

图8-49 预览设置色彩后的效果

8.2.3 ‖ 调整转场时间长度

在素材之间添加转场效果后，可以对转场效果的部分属性进行相应设置，从而制作出丰富的视觉效果。转场的默认时间为1s，用户可根据需要设置转场的播放时间。下面介绍调整转场时间长度的操作方法。

扫描二维码获取文件资源	素材文件	素材\第8章\高原风光.VSP
	效果文件	效果\第8章\高原风光.VSP
	视频文件	视频\第8章\8.2.3 调整转场时间长度.mp4

🔍 **实战精通109——高原风光** ▶

🔍 **步骤 01** 进入会声会影编辑器，打开一个项目文件，故事板如图8-50所示。

🔍 **步骤 02** 单击故事板视图上方的"时间轴视图"按钮，切换至时间轴视图，在视频轨中选择需要调整区间的转场效果，如图8-51所示。

🔍 **步骤 03** 在"转场"选项面板的"区间"数值框中输入0:00:02:000，"转场"面板如图8-52所示。

🔍 **步骤 04** 执行操作后，按【Enter】键确认，即可调整转场的时间长度，如图8-53所示。

图8-50　打开项目文件

图8-51　选择转场效果

图8-52　设置转场区间

图8-53　调整时间长度

步骤 05 单击导览面板中的"播放"按钮，预览调整转场时间长度后的画面动态效果，如图8-54所示。

图8-54　预览调整转场时间长度后的效果

8.3　添加单色过渡画面

在会声会影2019中，用户还可以在故事板中添加单色画面过渡，该过渡效果起到间歇作用，让观众有想象的空间。本节主要介绍添加单色画面过渡的方法。

8.3.1 添加单色画面

在故事板中添加单色画面的操作方法很简单，只需选择相应的色彩色块，拖曳至故事板中即可。下面介绍添加单色画面的操作方法。

扫描二维码获取文件资源	素材文件	素材\第8章\花朵盛开.jpg
	效果文件	效果\第8章\花朵盛开.VSP
	视频文件	视频\第8章\8.3.1　添加单色画面.mp4

🔍 **实战精通110——花朵盛开** ➡

🔍 **步骤 01** 进入会声会影编辑器，在故事板中插入一幅素材图像，如图8-55所示。

🔍 **步骤 02** 在预览窗口中预览插入的图像效果，如图8-56所示。

图8-55　插入素材图像　　　　　　　　　　图8-56　预览图像效果

🔍 **步骤 03** 单击"图形"按钮，切换至"图形"选项卡，在"颜色"素材库中选择蓝色色块，如图8-57所示。

🔍 **步骤 04** 按住鼠标左键并将其拖曳至故事板中的适当位置，添加单色画面，故事板如图8-58所示。

图8-57　选择蓝色色块　　　　　　　　　　图8-58　添加单色画面

🔍 **步骤 05** 单击"转场"按钮，切换至"转场"选项卡，选择"交叉淡化"转场效果，如图8-59所示。

🔍 **步骤 06** 按住鼠标左键并将其拖曳至故事板中的适当位置，添加"交叉淡化"转场效果，如图8-60所示。

图8-59　选择"交叉淡化"转场效果　　　　图8-60　添加"交叉淡化"转场效果

🔍 **步骤 07** 执行上述操作后，单击导览面板中的"播放"按钮，预览添加单色画面效果，如图8-61所示。

图8-61 预览添加单色画面效果

8.3.2 ‖ 自定义单色素材

在会声会影2019中，添加单色画面后，用户还可以根据需要对单色画面进行相应的编辑操作，如更改色块颜色属性等。下面介绍自定义单色素材的操作方法。

扫描二维码 获取文件资源	素材文件	素材\第8章\摩天大厦.VSP
	效果文件	效果\第8章\摩天大厦.VSP
	视频文件	视频\第8章\8.3.2 自定义单色素材.mp4

实战精通111——摩天大厦

步骤 01 进入会声会影编辑器，打开一个项目文件，如图8-62所示。

步骤 02 单击导览面板中的"播放"按钮，在预览窗口中预览打开的项目效果，如图8-63所示。

图8-62 打开项目文件

图8-63 预览项目效果

步骤 03 在故事板中选择需要编辑的色彩色块，如图8-64所示。

步骤 04 在"颜色"选项面板中，单击"色彩选取器"左侧的色块，弹出颜色面板，选择第2行第1个颜色，如图8-65所示。

图8-64 选择色彩色块

图8-65 选择相应颜色

步骤 05 执行上述操作后，即可更改单色画面的颜色，如图8-66所示。

步骤 06 单击导览面板中的"播放"按钮，在预览窗口中预览自定义单色素材后的效果，如图8-67所示。

图8-66 更改单色画面的颜色

图8-67 预览自定义效果

8.3.3 ‖ 添加黑屏过渡效果

在会声会影2019中，添加黑屏过渡效果的方法非常简单，只需在黑色和素材之间添加"交叉淡化"转场效果即可。下面介绍添加黑屏过渡效果的操作方法。

扫描二维码获取文件资源	素材文件	素材\第8章\日出山头.jpg
	效果文件	效果\第8章\日出山头.VSP
	视频文件	视频\第8章\8.3.3 添加黑屏过渡效果.mp4

实战精通112——日出山头

步骤 01 进入会声会影编辑器，在故事板中插入一幅素材图像，如图8-68所示。

步骤 02 单击"图形"按钮，切换至"图形"选项卡，在"颜色"素材库中选择黑色色块，如图8-69所示。

图8-68 插入素材图像

图8-69 选择黑色色块

步骤 03 按住鼠标左键并将其拖曳至故事板中的开始位置，添加黑色单色画面，如图8-70所示。

步骤 04 单击"转场"按钮，切换至"转场"素材库，选择"交叉淡化"转场效果，按住鼠标左键并将其拖曳至故事板中的适当位置，添加"交叉淡化"转场效果，如图8-71所示。

图8-70　添加黑色单色画面　　　　　　　　　图8-71　添加"交叉淡化"转场效果

步骤 05 执行上述操作后，单击导览面板中的"播放"按钮，预览添加的黑屏过渡效果，如图8-72所示。

图8-72　预览添加的黑屏过渡效果

8.4 通过转场制作视频特效

在会声会影2019中，转场效果的种类繁多，在影片中某些转场效果独具特色，可以为视频添加非凡的视觉体验。本节主要介绍通过各种转场制作视频切换特效的操作方法。

8.4.1 ‖ 制作遮罩炫光转场效果

在会声会影2019的"遮罩"转场素材库中，包括6种不同的遮罩炫光转场类型。用户可以根据需要将炫光转场添加至素材之间，制作出炫光短视频画面特效。

扫描二维码 获取文件资源	素材文件	素材\第8章\辽阔草原1.jpg、辽阔草原2.jpg
	效果文件	效果\第8章\辽阔草原.VSP
	视频文件	视频\第8章\8.4.1　制作遮罩炫光转场效果.mp4

实战精通113——辽阔草原

步骤 01 进入会声会影编辑器，在故事板中插入两幅素材图像，如图8-73所示。

步骤 02 切换至"转场"选项卡，单击窗口上方的"画廊"按钮，在弹出的列表框中选择

"遮罩"选项,如图8-74所示。

图8-73 插入两幅素材图像

图8-74 选择"遮罩"选项

步骤 03 打开"遮罩"素材库,选择"遮罩A"转场效果,如图8-75所示。

步骤 04 将选择的转场添加至两幅素材图像之间,添加转场效果,如图8-76所示。

图8-75 选择"遮罩A"转场效果

图8-76 添加"遮罩A"转场效果

步骤 05 打开"转场"选项面板,单击"自定义"按钮,如图8-77所示。

步骤 06 弹出"遮罩-遮罩A"对话框,选择第2种炫光遮罩样式,如图8-78所示。

图8-77 单击"自定义"按钮

图8-78 选择第2种炫光遮罩

步骤 07 设置完成后,单击"确定"按钮,返回会声会影编辑器,单击"播放"按钮,预览制作的遮罩炫光转场特效,如图8-79所示。

图8-79　预览制作的遮罩炫光转场特效

8.4.2 ‖ 制作漩涡转场效果

在会声会影2019中，"漩涡"转场效果是三维转场类型中的一种，是指素材A以漩涡碎片的方式进行过渡，显示素材B。下面介绍制作漩涡转场效果的操作方法。

扫描二维码 获取文件资源	素材文件	素材\第8章\古镇景色1.jpg、古镇景色2.jpg
	效果文件	效果\第8章\古镇景色.VSP
	视频文件	视频\第8章\8.4.2　制作漩涡转场效果.mp4

实战精通114——古镇景色

步骤 01 进入会声会影编辑器，在故事板中插入两幅素材图像，如图8-80所示。

步骤 02 单击"转场"按钮，切换至"转场"选项卡，单击窗口上方的"画廊"按钮，在弹出的列表框中选择"三维"选项，如图8-81所示。

图8-80　插入素材图像

图8-81　选择"三维"选项

步骤 03 打开"三维"素材库，选择"漩涡"转场效果，如图8-82所示。

步骤 04 按住鼠标左键并将其拖曳至故事板中的两幅素材图像之间，添加"漩涡"转场效果，如图8-83所示。

专家指点

在视频后期特效处理中，"漩涡"转场特效也经常用在覆叠画面中，可以制作出瓷器摔在地上破碎的画面效果。

图8-82 选择"漩涡"转场效果

图8-83 添加"漩涡"转场效果

🔍 **步骤 05** 执行上述操作后，单击导览面板中的"播放"按钮，预览"漩涡"转场效果，如图8-84所示。

图8-84 预览"漩涡"转场效果

◀ 8.4.3 ‖ 制作单向滑动视频效果　★进阶★　▶

在抖音短视频中，有一种比较简单的短视频制作方法，那就是用多张照片制作的单向滑动的视频。在会声会影2019中，应用"滑动"转场素材库中的"单向"转场效果，即可制作单向滑动视频效果。下面介绍应用"单向"转场的操作方法，大家可以学以致用，将其合理应用至影片文件中。

扫描二维码获取文件资源	素材文件	素材\第8章\"旅行打卡"文件夹
	效果文件	效果\第8章\旅行打卡.VSP
	视频文件	视频\第8章\8.4.3　制作单向滑动视频效果.mp4

🔍 **实战精通115——旅行打卡** ▶

🔍 **步骤 01** 进入会声会影编辑器，打开一个项目文件，如图8-85所示，切换至时间轴面板。

🔍 **步骤 02** 单击"转场"按钮，切换至"转场"选项卡，单击窗口上方的"画廊"按钮，在弹出的列表框中选择"滑动"选项，如图8-86所示。

🔍 **步骤 03** 打开"滑动"转场素材库，选择"单向"转场效果，如图8-87所示。

🔍 **步骤 04** 按住鼠标左键并拖曳至视频轨中最后的两幅素材图像之间，添加"单向"滑动转场效果，如图8-88所示。

图8-85　打开项目文件

图8-86　选择"滑动"选项

图8-87　选择"单向"转场效果

图8-88　添加"单向"滑动转场效果

步骤 05 选择添加的转场，展开"转场"选项面板，更改"区间"参数为0:00:00:010，如图8-89所示。

图8-89　更改"区间"参数

步骤 06 使用同样的方法，从后往前，在每两个素材之间添加"单向"滑动转场效果，并设置转场区间时长，时间轴面板效果如图8-90所示。

图8-90　时间轴面板效果

步骤 07 执行上述操作后,单击"播放"按钮,预览单向滑动视频效果,如图8-91所示。

图8-91 预览单向滑动视频效果

8.4.4 制作对开门视频效果 ★进阶★

很多人可能不擅长拍摄小视频,也不擅长视频后期处理。在会声会影2019中,应用"对开门"转场效果和摇动效果,可以帮助用户将静态的照片素材整合成一段十几秒的短视频。下面介绍应用"对开门"转场的操作方法。

扫描二维码 获取文件资源	素材文件	素材\第8章\"花季少女"文件夹
	效果文件	效果\第8章\花季少女.VSP
	视频文件	视频\第8章\8.4.4 制作对开门视频效果.mp4

🔍 实战精通116——花季少女 ➡

步骤 01 进入会声会影编辑器,打开一个项目文件,如图8-92所示。

图8-92 打开项目文件

步骤 02 在视频轨中选择第一个照片素材,长按【Shift】键,然后选中最后一个照片素材,即可将视频轨中的素材文件全部选中,如图8-93所示。

图8-93　选中视频轨中的全部素材

🔍**步骤 03** 在素材上单击鼠标右键，在弹出的快捷菜单中选择"群组"|"分组"命令，如图8-94所示。

🔍**步骤 04** 打开"标题效果"滤镜素材库，在其中选择"视频摇动和缩放"滤镜效果，如图8-95所示。

图8-94　选择"分组"命令

图8-95　选择"视频摇动和缩放"滤镜效果

🔍**步骤 05** 按住鼠标左键并拖曳至视频轨中组合的素材文件上，为每个素材文件添加"视频摇动和缩放"滤镜效果，制作素材文件摇动效果，如图8-96所示。

图8-96　添加"视频摇动和缩放"滤镜效果

🔍**步骤 06** 执行操作后，在组合的素材上单击鼠标右键，在弹出的快捷菜单中选择"群组"|"取消组合"命令，如图8-97所示。

🔍**步骤 07** 执行操作后，打开"滑动"转场素材库，在其中选择"对开门"转场效果，如图8-98所示。

🔍**步骤 08** 按从后往前的顺序，拖曳"对开门"转场效果，添加至视频轨中每两个图像素材之间，并更改转场"区间"时长为0:00:00:015、0:00:00:010，时间轴效果如图8-99所示。

🔍**步骤 09** 执行上述操作后，单击导览面板中的"播放"按钮，即可预览"对开门"转场视频效果，如图8-100所示。

图8-97 选择"取消分组"命令

图8-98 选择"对开门"转场效果

图8-99 添加"对开门"转场效果

图8-100 预览"对开门"转场效果

8.4.5 制作画面燃烧转场效果

在会声会影2019中，"燃烧"转场效果是"过滤"转场类型中的一种，是指素材A以燃烧特效的方式进行过渡，显示素材B。下面介绍制作画面燃烧转场效果的操作方法。

扫描二维码 获取文件资源	素材文件	素材\第8章\飞向天空1.tif、飞向天空2.jpg
	效果文件	效果\第8章\飞向天空.VSP
	视频文件	视频\第8章\8.4.5　制作画面燃烧转场效果.mp4

实战精通117——飞向天空

步骤 01 进入会声会影编辑器，在故事板中插入两幅素材图像，如图8-101所示。

步骤 02 在"转场"素材库的"过滤"转场中，选择"燃烧"转场效果，按住鼠标左键并将其拖曳至故事板中的两个图像素材之间，添加"燃烧"转场效果，如图8-102所示。

图8-101　插入素材图像

图8-102　添加"燃烧"转场效果

步骤 03 执行上述操作后，单击导览面板中的"播放"按钮，预览"燃烧"转场效果，如图8-103所示。

图8-103　预览"燃烧"转场效果

> **专家指点**
>
> 在"燃烧"转场效果上单击鼠标右键，在弹出的快捷菜单中选择"对视频轨应用当前效果"命令，也可以在两个素材图像之间应用"燃烧"转场效果。

8.4.6 ‖ 制作画中画转场效果

　　画中画效果在短视频中也是一种比较常用的效果动画,在会声会影2019中,用户不仅可以为视频轨中的素材添加转场效果,还可以为覆叠轨中的素材添加转场效果。下面向读者介绍制作画中画转场切换特效的操作方法。

扫描二维码 获取文件资源	素材文件	素材\第8章\背景.jpg、江上焰火1.jpg、江上焰火2.jpg
	效果文件	效果\第8章\江上焰火.VSP
	视频文件	视频\第8章\8.4.6　制作画中画转场效果.mp4

🔍 实战精通118——江上焰火 ▶

🔍 **步骤 01** 进入会声会影编辑器,在视频轨中插入一幅素材图像,如图8-104所示。

🔍 **步骤 02** 打开"编辑"选项面板,在其中设置"照片区间"为0:00:05:000,面板如图8-105所示。

图8-104　插入素材图像　　　　　　　　图8-105　设置"照片区间"

🔍 **步骤 03** 执行操作后,即可更改视频轨中图像素材的区间长度,如图8-106所示。

🔍 **步骤 04** 在预览窗口中可以预览图像素材的画面效果,如图8-107所示。

图8-106　更改区间长度　　　　　　　　图8-107　预览图像效果

🔍 **步骤 05** 在时间轴面板的覆叠轨中插入两幅素材图像,如图8-108所示。

🔍 **步骤 06** 打开"转场"素材库,单击窗口上方的"画廊"按钮,在弹出的列表框中选择"果皮"选项,如图8-109所示。

🔍 **步骤 07** 进入"果皮"转场组,在其中选择"对开门"果皮转场效果,如图8-110所示。

步骤 08 将选择的转场效果拖曳至时间轴面板的覆叠轨中两幅素材图像之间，释放鼠标左键，在覆叠轨中为覆叠素材添加转场效果，如图8-111所示。

图8-108　插入两幅素材图像

图8-109　选择"果皮"选项

图8-110　选择"对开门"转场

图8-111　为覆叠素材添加转场

步骤 09 单击导览面板中的"播放"按钮，预览制作的画中画转场特效，如图8-112所示。

图8-112　预览制作的画中画转场特效

8.4.7 制作三维相册翻页效果　★进阶★

在会声会影2019中，"翻转"转场效果是"相册"转场类型中的一种。用户可以通过自定义参数来制作三维相册翻页效果。下面介绍制作三维相册翻页效果的操作方法。

扫描二维码获取文件资源	素材文件	素材\第8章\郎才女貌1.jpg、郎才女貌2.jpg
	效果文件	效果\第8章\郎才女貌.VSP
	视频文件	视频\第8章\8.4.7　制作三维相册翻页效果.mp4

实战精通119——郎才女貌

步骤 01 进入会声会影编辑器,在故事板中插入两幅素材图像,如图8-113所示。

步骤 02 打开"转场"素材库,在"画廊"列表框中选择"相册"选项,如图8-114所示。

图8-113 插入两幅素材图像

图8-114 选择"相册"选项

步骤 03 进入"相册"转场组,在其中选择"翻转"转场效果,如图8-115所示。

步骤 04 在选择的转场效果上,按住鼠标左键并将其拖曳至两幅素材图像之间,添加"翻转"转场效果,如图8-116所示。

图8-115 选择"翻转"转场效果

图8-116 添加"翻转"转场效果

步骤 05 切换至时间轴视图,在视频轨中选择刚添加的转场效果,如图8-117所示。

步骤 06 在"转场"选项面板中,设置"区间"为0:00:02:000,如图8-118所示。

图8-117 选择刚添加的转场效果

图8-118 设置转场的区间长度

步骤 07 在视频轨中,可以查看更改区间长度后的转场效果,如图8-119所示。

步骤 08 在"转场"选项面板中,单击"自定义"按钮,如图8-120所示。

图8-119 更改转场区间长度

图8-120 单击"自定义"按钮

🔍**步骤 09** 弹出"翻转-相册"对话框，设置"布局"为第1个样式、"相册封面模板"为第4个样式，如图8-121所示。

🔍**步骤 10** 在"背景和阴影"选项卡中设置"背景模板"为第2个样式，如图8-122所示。

图8-121 设置布局属性

图8-122 设置背景模板

🔍**步骤 11** 在"页面A"选项卡中设置"相册页面模板"为第3个样式，如图8-123所示。

🔍**步骤 12** 在"页面B"选项卡中设置"相册页面模板"为第3个样式，如图8-124所示。

图8-123 设置相册页面模板1

图8-124 设置相册页面模板2

步骤 13 设置完成后，单击"确定"按钮，单击导览面板中的"播放"按钮，预览制作的三维相册翻页效果，如图8-125所示。

图8-125　预览制作三维相册翻页效果

◀ 8.4.8 ‖ 制作视频立体感运动效果 ★进阶★ ▶

在会声会影2019中，"3D比萨饼盒"转场效果是"NewBlue样品转场"类型中的一种。用户可以制作视频立体感运动的效果。

扫描二维码 获取文件资源	素材文件	素材\第8章\心有灵犀1.jpg、心有灵犀2.jpg
	效果文件	效果\第8章\心有灵犀.VSP
	视频文件	视频\第8章\8.4.8　制作视频立体感运动效果.mp4

🔍 实战精通120——心有灵犀 ▶

步骤 01 进入会声会影编辑器，在故事板中插入两幅素材图像，如图8-126所示。

步骤 02 在"转场"素材库的"画廊"列表框中，选择"NewBlue样品转场"选项，如图8-127所示。

图8-126　插入素材图像　　　　图8-127　选择"NewBlue样品转场"选项

步骤 03 进入相应转场组，在其中选择"3D比萨饼盒"转场效果，如图8-128所示。

步骤 04 在选择的转场效果上，按住鼠标左键并将其拖曳至两幅素材图像之间，添加"3D比萨饼盒"转场效果，如图8-129所示。

步骤 05 执行上述操作后，单击导览面板中的"播放"按钮，预览视频立体感运动特效，如图8-130所示。

图8-128　选择转场效果

图8-129　添加转场效果

图8-130　预览视频立体感运动效果

8.4.9 ‖ 制作黑屏开幕视频效果　★进阶★

观看抖音视频的时候，相信大家应该都看到过黑屏开幕的动态视频。在会声会影2019中，应用"滑动"转场素材库中的"对开门"转场就可以制作，下面介绍具体的操作。

扫描二维码 获取文件资源	素材文件	素材\第8章\桥梁夜景.mpg
	效果文件	效果\第8章\桥梁夜景.VSP
	视频文件	视频\第8章\8.4.9　制作黑屏开幕视频效果.mp4

实战精通121——桥梁夜景

步骤 01　进入会声会影编辑器，单击"图形"按钮，切换至"图形"素材库，单击"画廊"下拉按钮，在弹出的下拉列表中选择"颜色"选项，如图8-131所示。

步骤 02　在"颜色"图形素材库中，选择黑色色块，如图8-132所示。

图8-131　选择"颜色"选项

图8-132　选择黑色色块

🔍步骤 **03** 拖曳黑色色块添加至视频轨中,并调整"色彩区间"为0:00:01:010,效果如图8-133所示。

🔍步骤 **04** 在色块结尾处,添加一段视频素材,如图8-134所示。

图8-133 添加色块并调整区间

图8-134 添加视频素材

🔍步骤 **05** 单击"转场"按钮,打开"滑动"转场素材库,在其中选择"对开门"转场,并拖曳至黑色色块和视频素材之间,添加"对开门"转场效果,如图8-135所示。

🔍步骤 **06** 打开"转场"选项面板,单击"打开-水平分割"按钮,如图8-136所示。

图8-135 添加"对开门"转场效果

图8-136 单击"打开-水平分割"按钮

🔍步骤 **07** 执行上述操作后,单击导览面板中的"播放"按钮,预览制作的黑屏开幕视频效果,如图8-137所示。

图8-137 预览黑屏开幕视频效果

◀ **8.4.10** ‖ 制作抖音旋转视频效果 ★进阶★ ▶

　　在会声会影2019中,转场素材库中新增了"无缝"转场素材库,应用其中的"向左旋转"转场效果,可以制作出抖音短视频画面的旋转效果,下面介绍具体操作。

扫描二维码 获取文件资源	素材文件	素材\第8章\"白鹭生态"文件夹
	效果文件	效果\第8章\白鹭生态.VSP
	视频文件	视频\第8章\8.4.10　制作抖音旋转视频效果.mp4

实战精通122——白鹭生态

步骤 01 进入会声会影编辑器，打开一个项目文件，如图8-138所示。

步骤 02 在"转场"素材库的"画廊"列表框中，选择"无缝"选项，在"无缝"转场素材库中，选择"向左并旋转"转场效果，如图8-139所示。

图8-138　打开项目文件

步骤 03 按照从后往前的顺序，拖曳转场效果，添加至视频轨中每两个图像素材之间，如图8-140所示。

图8-139　选择"向左并旋转"转场效果

图8-140　添加转场效果

步骤 04 执行操作后，单击"播放"按钮，预览抖音旋转视频效果，如图8-141所示。

图8-141　预览抖音旋转视频效果

第9章

制作视频画中画特效

学习提示

在会声会影2019中，用户在覆叠轨中可以添加图像或视频等素材，覆叠功能可以使视频轨上的视频与图像相互交织，组合成各式各样的视觉效果。本章主要介绍制作视频覆叠精彩特效的各种方法，希望读者学完以后可以制作出更多精彩的覆叠特效。

🗑 CLEAR   ⬆ SUBMIT

本章重点导航

🗑 CLEAR   ⬆ SUBMIT

9.1 添加与删除覆叠素材

所谓覆叠功能，是会声会影2019提供的一种视频编辑方法，它将视频素材添加到时间轴面板的覆叠轨中，设置相应属性后产生视频叠加的效果。本节主要介绍添加与删除覆叠素材的操作方法。

9.1.1 添加覆叠素材

在会声会影2019中，用户可以根据需要在视频轨中添加相应的覆叠素材，从而制作出更具观赏性的视频作品。下面介绍添加覆叠素材的操作方法。

扫描二维码获取文件资源	素材文件	素材\第9章\花间风车.jpg、花间风车.png
	效果文件	效果\第9章\花间风车.VSP
	视频文件	视频\第9章\9.1.1 添加覆叠素材.mp4

实战精通123——花间风车

步骤 01 进入会声会影编辑器，在视频轨中插入一幅素材图像，如图9-1所示。

步骤 02 在覆叠轨中的适当位置单击鼠标右键，在弹出的快捷菜单中选择"插入照片"命令，如图9-2所示。

图9-1 插入素材图像

图9-2 选择"插入照片"命令

步骤 03 弹出"浏览照片"对话框，在其中选择相应的照片素材，如图9-3所示。

步骤 04 单击"打开"按钮，即可在覆叠轨中添加相应的覆叠素材，如图9-4所示。

图9-3 选择相应的照片素材

图9-4 添加覆叠素材

步骤 05 在预览窗口中，调整覆叠素材的位置和大小，如图9-5所示。

步骤 06 执行上述操作后，即可完成覆叠素材的添加，单击导览面板中的"播放"按钮，预览覆叠效果，如图9-6所示。

图9-5 调整覆叠素材的位置

图9-6 预览覆叠效果

专家指点

在会声会影2019中，可以在覆叠轨中添加覆叠素材，制作覆叠效果。在覆叠轨中不仅可以插入照片，还可以插入视频。

◄ 9.1.2 ‖ 删除覆叠素材 ►

在会声会影2019中，如果用户不需要覆叠轨中的素材，可以将其删除。下面介绍删除覆叠素材的操作方法。

扫描二维码 获取文件资源	素材文件	素材\第9章\珍馐美味.VSP
	效果文件	效果\第9章\珍馐美味.VSP
	视频文件	视频\第9章\9.1.2　删除覆叠素材.mp4

🔍 **实战精通124——珍馐美味**

步骤 01 进入会声会影编辑器，打开一个项目文件，如图9-7所示。

步骤 02 单击导览面板中的"播放"按钮，预览打开的项目效果，如图9-8所示。

图9-7 打开项目文件

图9-8 预览项目效果

步骤 03 选择覆叠轨中的素材，单击鼠标右键，在弹出的快捷菜单中选择"删除"命令，如图9-9所示。

步骤 04 执行上述操作后，即可删除覆叠轨中的素材，在预览窗口中可以预览删除覆叠素材后的效果，如图9-10所示。

图9-9   选择"删除"命令   图9-10   预览删除覆叠素材后的效果

专家指点

除了上述方法外，用户还可以通过以下两种方法删除覆叠素材。

● 选择覆叠轨中需要删除的素材，选择"编辑"|"删除"命令即可。

● 选择覆叠轨中需要删除的素材，按【Delete】键，也可快速删除选择的素材。

9.2 设置覆叠对象的属性

在会声会影2019的覆叠轨中，添加素材后，可以设置覆叠对象的属性，包括调整覆叠对象的大小、调整覆叠对象的位置、调整覆叠对象的形状、设置覆叠对象透明度以及设置覆叠对象的边框颜色等。本节主要介绍6种设置覆叠对象属性的操作方法，希望读者学完后可以融会贯通，制作出精美的影片文件。

9.2.1 调整覆叠对象的大小

在会声会影2019中，如果添加到覆叠轨中的素材大小不符合需要，用户可根据需要在预览窗口中调整覆叠素材的大小。下面介绍调整覆叠对象大小的操作方法。

扫描二维码获取文件资源	素材文件	素材\第9章\白雪皑皑.jpg、指示牌.png
	效果文件	效果\第9章\白雪皑皑.VSP
	视频文件	视频\第9章\9.2.1 调整覆叠对象的大小.mp4

实战精通125——白雪皑皑

步骤 01 进入会声会影编辑器，在视频轨中插入一幅素材图像，如图9-11所示。

步骤 02 在覆叠轨中插入另一幅素材图像，如图9-12所示。

203

图9-11　插入素材图像

图9-12　插入另一幅素材图像

🔍**步骤 03**　在预览窗口中，预览视频当前的效果，如图9-13所示。

🔍**步骤 04**　在预览窗口中选择需要调整大小的覆叠素材，将鼠标指针移至素材四周的控制柄上，按住鼠标左键并拖曳至合适位置后释放鼠标左键，调整覆叠素材的大小，然后调整覆叠素材的位置，即可得到最终效果，如图9-14所示。

图9-13　预览当前效果

图9-14　最终效果

◀ 9.2.2 ‖ 调整覆叠对象的位置 ▶

在会声会影2019中，用户可根据需要在预览窗口中随意调整覆叠素材的位置。下面介绍调整覆叠对象位置的操作方法。

扫描二维码 获取文件资源	素材文件	素材\第9章\貌美如花.jpg、背景1.jpg
	效果文件	效果\第9章\貌美如花.VSP
	视频文件	视频\第9章\9.2.2　调整覆叠对象的位置.mp4

🔍 实战精通126——貌美如花 ▶

🔍**步骤 01**　进入会声会影编辑器，打开一个项目文件，如图9-15所示。

🔍**步骤 02**　在预览窗口中，预览打开的视频画面，如图9-16所示。

🔍**步骤 03**　在覆叠轨中选择需要调整位置的覆叠素材，在预览窗口中将鼠标指针移至覆叠素材上，按住鼠标左键并拖曳，如图9-17所示。

🔍**步骤 04**　将覆叠素材拖曳至合适位置后，释放鼠标左键，即可调整覆叠素材的位置，效果如图9-18所示。

图9-15　打开项目文件

图9-16　预览打开的视频画面

图9-17　拖曳覆叠素材

图9-18　调整效果

在覆叠轨中，选择需要调整位置的图像，在预览窗口中的覆叠对象上单击鼠标右键，在弹出的快捷菜单中还可以设置将对象停靠在顶部或停靠在底部等，用户可以根据需要进行设置。

9.2.3 ‖ 调整覆叠对象的形状

在会声会影2019中，不仅可以调整覆叠素材的大小和位置，而且可以任意倾斜或者扭曲覆叠素材，以配合倾斜或扭曲的覆叠画面，使视频应用变得更加自由。下面介绍调整覆叠对象形状的操作方法。

扫描二维码 获取文件资源	素材文件	素材\第9章\娇艳欲滴.jpg、边框2.jpg
	效果文件	效果\第9章\娇艳欲滴.VSP
	视频文件	视频\第9章\9.2.3　调整覆叠对象的形状.mp4

实战精通127——娇艳欲滴

步骤 01　进入会声会影编辑器，在视频轨和覆叠轨中分别插入需要的素材图像，如图9-19所示。

步骤 02　在覆叠轨中选择插入的图像，在预览窗口中，将鼠标指针移至右下角的绿色调节点上，按住鼠标左键并向右下角拖曳至合适位置后，释放鼠标左键，即可调整图像右下角的节点，如图9-20所示。

图9-19　插入素材图像

图9-20　调整图像右下角的节点

🔍步骤 03　将鼠标指针移至图像左上角的绿色节点上，按住鼠标左键并向左侧拖曳至合适位置后释放鼠标左键，即可调整左上角节点的位置，如图9-21所示。

🔍步骤 04　使用同样的方法，调整另外两个节点的位置，即可完成覆叠对象形状的调整，在预览窗口中可预览调整形状后的效果，如图9-22所示。

图9-21　调整左上角节点的位置

图9-22　预览调整形状后的效果

专家指点

在会声会影2019中，调整覆叠对象的形状后，在预览窗口中单击鼠标右键，在弹出的快捷菜单中选择"重置变形"命令，可以将覆叠对象重置变形。

◀ 9.2.4 ‖ 设置覆叠对象的透明度 ▶

在会声会影2019中，用户还可以根据需要设置覆叠素材的透明度，将素材以半透明的形式进行重叠，显示出若隐若现的效果。下面介绍设置覆叠对象透明度的操作方法。

扫描二维码 获取文件资源	素材文件	素材\第9章\一只小猫.VSP
	效果文件	效果\第9章\一只小猫.VSP
	视频文件	视频\第9章\9.2.4　设置覆叠对象的透明度.mp4

🔍 实战精通128——一只小猫 ▶

🔍步骤 01　进入会声会影编辑器，打开一个项目文件，如图9-23所示。

🔍步骤 02　在预览窗口中可以预览打开的项目效果，如图9-24所示。

图9-23　打开项目文件

图9-24　预览项目效果

步骤 03 选择覆叠素材，在"效果"选项面板中单击"遮罩和色度键"按钮，进入相应选项面板，取消选中"应用覆叠选项"复选框，在"透明度"数值框中输入60，重新选中"应用覆叠选项"复选框，如图9-25所示。

步骤 04 执行上述操作后，即可设置覆叠素材透明度，在预览窗口中，预览设置透明度后的覆叠特效，如图9-26所示。

图9-25　设置透明度为60

图9-26　预览覆叠特效

专家指点

在选项面板中，单击"透明度"右侧的上下微调按钮，可以快速调整透明度的数值；单击右侧的下拉按钮，在弹出的滑块中也可以快速调整透明度数值。

9.2.5 设置覆叠对象的边框　★进阶★

在会声会影2019中，边框是为影片添加装饰的另一种简单而实用的方式，它能够让枯燥的画面变得生动。下面介绍设置覆叠对象边框的操作方法。

扫描二维码 获取文件资源	素材文件	素材\第9章\清新可爱.VSP
	效果文件	效果\第9章\清新可爱.VSP
	视频文件	视频\第9章\9.2.5　设置覆叠对象的边框.mp4

实战精通129——清新可爱

步骤 01 进入会声会影编辑器，打开一个项目文件，如图9-27所示。

步骤 02 在预览窗口中，预览打开的项目效果，如图9-28所示。

图9-27　打开项目文件

图9-28　预览打开的项目效果

🔍 **步骤 03** 在覆叠轨中，选择需要设置边框效果的覆叠素材，如图9-29所示。

🔍 **步骤 04** 打开"效果"选项面板，单击"遮罩和色度键"按钮，如图9-30所示。

图9-29　选择覆叠素材

图9-30　单击"遮罩和色度键"按钮

🔍 **步骤 05** 打开"遮罩和色度键"选项面板，在"边框"数值框中输入3，如图9-31所示。

🔍 **步骤 06** 在预览窗口中，预览覆叠素材的边框效果，如图9-32所示。

图9-31　在"边框"数值框中输入3

图9-32　预览视频效果

◀ 9.2.6 ‖ 设置覆叠对象的边框颜色 ▶

在会声会影2019中，为覆叠对象添加边框效果后，可以根据需要设置对象的边框颜色，增添画面美感。下面介绍覆叠对象的边框颜色设置的操作方法。

扫描二维码 获取文件资源	素材文件	素材\第9章\背景4.jpg、此生不渝.jpg
	效果文件	效果\第9章\此生不渝.VSP
	视频文件	视频\第9章\9.2.6　设置覆叠对象的边框颜色.mp4

実战精通130——此生不渝

步骤 01　进入会声会影编辑器，在视频轨和覆叠轨中插入两幅素材图像，如图9-33所示。

步骤 02　在预览窗口中，调整覆叠素材的位置和大小，如图9-34所示。

图9-33　插入素材图像

图9-34　调整位置和大小

步骤 03　选择覆叠素材，进入"属性"|"遮罩和色度键"选项面板，设置"边框"参数为4，单击右侧的色块，在弹出的颜色面板中选择第4行第7个颜色，如图9-35所示。

步骤 04　执行上述操作后，即可设置覆叠素材的边框颜色，在预览窗口中，预览设置边框颜色后的覆叠特效，如图9-36所示。

图9-35　选择相应颜色

图9-36　预览覆叠特效

9.3　应用视频遮罩效果

在会声会影2019中，用户还可以根据需要在覆叠轨中设置覆叠对象的遮罩效果，使制作的视频作品更美观。在会声会影2019中，提供了多种遮罩效果。本节主要介绍常用的6种遮罩效果设置方法。

◀ 9.3.1 ‖ 应用椭圆遮罩效果 ▶

在会声会影2019中，椭圆遮罩效果是指覆叠轨中的素材以椭圆的性质遮罩在视频轨中素材的上方。下面介绍应用椭圆遮罩效果的操作方法。

扫描二维码 获取文件资源	素材文件	素材\第9章\可爱小孩.VSP
	效果文件	效果\第9章\可爱小孩.VSP
	视频文件	视频\第9章\9.3.1　应用椭圆遮罩效果.mp4

实战精通131——可爱小孩

步骤 01　进入会声会影编辑器，打开一个项目文件，如图9-37所示。

步骤 02　在预览窗口中可预览打开的项目效果，如图9-38所示。

　　　图9-37　打开项目文件　　　　　　　　　　　图9-38　预览项目效果

步骤 03　选择覆叠素材，在选项面板中单击"遮罩和色度键"按钮，如图9-39所示。

步骤 04　进入相应选项面板，选中"应用覆叠选项"复选框，单击"类型"右侧的下拉按钮，在弹出的列表框中选择"遮罩帧"选项，如图9-40所示。

　　图9-39　单击"遮罩和色度键"按钮　　　　　　图9-40　选择"遮罩帧"选项

步骤 05　执行上述操作后，在右侧选择椭圆遮罩样式，如图9-41所示。

步骤 06　即可设置椭圆遮罩，在预览窗口中可以预览覆叠素材的椭圆遮罩效果，如图9-42所示。

　　图9-41　选择椭圆遮罩样式　　　　　　　　图9-42　预览椭圆遮罩效果

9.3.2 应用矩形遮罩效果

在会声会影2019中，矩形遮罩效果是指覆叠轨中的素材以矩形的形状遮罩在视频轨中素材的上方。下面介绍应用矩形遮罩效果的操作方法。

扫描二维码 获取文件资源	素材文件	素材\第9章\花香盆栽.VSP
	效果文件	效果\第9章\花香盆栽.VSP
	视频文件	视频\第9章\9.3.2 应用矩形遮罩效果.mp4

实战精通132——花香盆栽

步骤 01 进入会声会影编辑器，打开一个项目文件，如图9-43所示。

步骤 02 在预览窗口中可以预览打开的项目效果，如图9-44所示。

图9-43 打开项目文件

图9-44 预览项目效果

步骤 03 选择覆叠素材，进入"属性"|"遮罩和色度键"选项面板，选中"应用覆叠选项"复选框，设置"类型"为"遮罩帧"，在右侧选择圆角矩形遮罩样式，如图9-45所示。

步骤 04 即可设置圆角矩形遮罩效果，在预览窗口中预览覆叠素材的圆角矩形遮罩效果，如图9-46所示。

图9-45 选择圆角矩形遮罩样式

图9-46 预览圆角矩形遮罩效果

9.3.3 应用花瓣遮罩效果

在会声会影2019中，花瓣遮罩效果是指覆叠轨中的素材以花瓣的形状遮罩在视频轨中素材的上方。下面介绍应用花瓣遮罩效果的操作方法。

扫描二维码 获取文件资源	素材文件	素材\第9章\花瓣绿藤.VSP
	效果文件	效果\第9章\花瓣绿藤.VSP
	视频文件	视频\第9章\9.3.3 应用花瓣遮罩效果.mp4

实战精通133——花瓣绿藤

步骤 01 进入会声会影编辑器，打开一个项目文件，如图9-47所示。

步骤 02 在预览窗口中可以预览打开的项目效果，如图9-48所示。

图9-47 打开项目文件

图9-48 预览项目效果

步骤 03 选择覆叠素材，在"效果"选项面板中单击"遮罩和色度键"按钮，进入相应选项面板，选中"应用覆叠选项"复选框，设置"类型"为"遮罩帧"，在右侧选择花瓣遮罩样式，如图9-49所示。

步骤 04 即可设置花瓣遮罩，在预览窗口中可以预览覆叠素材的花瓣遮罩效果，如图9-50所示。

图9-49 选择花瓣遮罩样式

图9-50 预览花瓣遮罩效果

9.3.4 应用爱心遮罩效果

在会声会影2019中，心形遮罩效果是指覆叠轨中的素材以心形的形状遮罩在视频轨中素材的上方。下面介绍应用爱心遮罩效果的操作方法。

扫描二维码 获取文件资源	素材文件	素材\第9章\幸福恋人.VSP
	效果文件	效果\第9章\幸福恋人.VSP
	视频文件	视频\第9章\9.3.4 应用爱心遮罩效果.mp4

⊙ **实战精通134——幸福恋人** ▶

🔍 **步骤 01** 进入会声会影编辑器，打开一个项目文件，如图9-51所示。

🔍 **步骤 02** 在预览窗口中可以预览打开的项目效果，如图9-52所示。

图9-51 打开项目文件

图9-52 预览项目效果

🔍 **步骤 03** 选择覆叠素材，在"效果"选项面板中单击"遮罩和色度键"按钮，进入相应选项面板，选中"应用覆叠选项"复选框，设置"类型"为"遮罩帧"，在右侧选择心心相印遮罩样式，如图9-53所示。

🔍 **步骤 04** 即可设置心心相印遮罩效果，在预览窗口中可以预览覆叠素材的心心相印遮罩效果，如图9-54所示。

图9-53 选择遮罩样式

图9-54 预览心心相印遮罩效果

9.3.5 ║ 应用涂抹遮罩效果

在会声会影2019中，画笔涂抹遮罩效果是指覆叠轨中的素材以画笔涂抹的方式覆叠在视频轨中素材的上方。下面介绍应用涂抹遮罩效果的操作方法。

扫描二维码 获取文件资源	素材文件	素材\第9章\美人如画.VSP
	效果文件	效果\第9章\美人如画.VSP
	视频文件	视频\第9章\9.3.5 应用涂抹遮罩效果.mp4

⊙ **实战精通135——美人如画** ▶

🔍 **步骤 01** 进入会声会影编辑器，打开一个项目文件，如图9-55所示。

步骤 02 在预览窗口中，预览打开的项目效果，如图9-56所示。

图9-55 打开项目文件

图9-56 预览项目效果

步骤 03 选择覆叠素材，打开"效果"选项面板，单击"遮罩和色度键"按钮，打开相应选项面板，选中"应用覆叠选项"复选框，如图9-57所示。

步骤 04 单击"类型"下拉按钮，在弹出的列表框中选择"遮罩帧"选项，打开覆叠遮罩列表，在其中选择涂抹遮罩效果，如图9-58所示。

图9-57 选中"应用覆叠选项"复选框

图9-58 选择涂抹遮罩效果

步骤 05 此时即可设置覆叠素材为涂抹遮罩样式，在预览窗口中可以调整位置和大小，如图9-59所示。

步骤 06 在导览面板中单击"播放"按钮，预览视频叠加画面中的涂抹遮罩效果，如图9-60所示。

图9-59 调整位置和大小

图9-60 预览涂抹遮罩效果

9.3.6 应用渐变遮罩效果 ★进阶★

在会声会影2019中，渐变遮罩效果是指覆叠轨中的素材以渐变遮罩的方式附在视频轨中素材的上方。下面介绍应用渐变遮罩效果的操作方法。

扫描二维码获取文件资源	素材文件	素材\第9章\可爱小狗.VSP
	效果文件	效果\第9章\可爱小狗.VSP
	视频文件	视频\第9章\9.3.6　应用渐变遮罩效果.mp4

实战精通136——可爱小狗

步骤 01 进入会声会影编辑器，打开一个项目文件，如图9-61所示。

步骤 02 在预览窗口中预览打开的项目效果，如图9-62所示。

图9-61　打开项目文件

图9-62　预览项目效果

步骤 03 选择覆叠素材，在"效果"选项面板中单击"遮罩和色度键"按钮，进入相应选项面板，选中"应用覆叠选项"复选框，设置"类型"为"遮罩帧"，在右侧选择渐变遮罩样式，如图9-63所示。

步骤 04 执行操作后，即可设置渐变遮罩效果，在预览窗口中可以预览覆叠素材的渐变遮罩效果，如图9-64所示。

图9-63　选择渐变遮罩样式

图9-64　预览渐变遮罩效果

9.3.7 应用路径遮罩效果

在会声会影2019中，用户可以为视频轨中的视频或图像素材添加路径运动效果，使制作的视频画面更加专业，更具有吸引力。下面介绍应用路径遮罩效果的操作方法。

扫描二维码 获取文件资源	素材文件	素材\第9章\天空之城.jpg、蝴蝶.png
	效果文件	效果\第9章\天空之城.VSP
	视频文件	视频\第9章\9.3.7　应用路径遮罩效果.mp4

🔍 实战精通137——天空之城　▶

🔍**步骤** 01　进入会声会影编辑器，在视频轨中插入一幅素材图像，如图9-65所示。

🔍**步骤** 02　在素材库中，单击鼠标右键，在弹出的快捷菜单中选择"插入媒体文件"命令，在
素材库中插入另一幅素材图像，如图9-66所示。

图9-65　插入素材图像

图9-66　插入另一幅素材图像

🔍**步骤** 03　在选择的图像素材上按住鼠标左键并拖曳至覆叠轨中的合适位置，如图9-67所示。

🔍**步骤** 04　单击"路径"按钮，切换至"路径"选项卡，在其中选择P07路径运动效果，如
图9-68所示。在运动效果上单击鼠标左键并拖曳至覆叠轨中的适当位置，执行上述
操作后，即可完成添加路径的操作。

图9-67　拖曳图像素材

图9-68　选择路径动画

🔍**步骤** 05　单击"播放"按钮，即可预览制作的路径效果，如图9-69所示。

图9-69　预览最终效果

9.4 自定义视频遮罩效果

在会声会影2019中，用户不仅可以通过"遮罩和色度键"选项面板来创建视频的遮罩特效，还可以通过"遮罩创建器"来创建视频的遮罩效果，该功能在操作上更加方便。本节主要介绍自定义视频遮罩特效的操作方法。

◀ 9.4.1 ‖ 制作圆形遮罩效果 ▶

在"遮罩创建器"对话框中，通过椭圆工具可以在视频画面上创建圆形的遮罩效果，最主要的是可以由用户在视频中的任何位置创建，这个位置用户可以自由指定，在操作上更加灵活便捷。下面介绍制作圆形遮罩特效的操作方法。

扫描二维码 获取文件资源	素材文件	素材\第9章\萌宠宝贝1.mpg、萌宠宝贝2.mpg
	效果文件	效果\第9章\萌宠宝贝.VSP
	视频文件	视频\第9章\9.4.1　制作圆形遮罩效果.mp4

🔍 **实战精通138——萌宠宝贝** ▶

🔍 **步骤 01** 在视频轨和覆叠轨中分别插入一段视频素材，并在预览窗口调整覆叠素材大小，然后在时间轴中选择覆叠素材，如图9-70所示。

🔍 **步骤 02** 在菜单栏中，选择"工具"|"遮罩创建器"命令，如图9-71所示。

图9-70　选择覆叠素材　　　　　　　图9-71　选择"遮罩创建器"命令

🔍 **步骤 03** 弹出"遮罩创建器"对话框，在"遮罩工具"下方选取椭圆工具，如图9-72所示。

🔍 **步骤 04** 在左侧预览窗口中按住鼠标左键并拖曳，在视频上绘制一个圆，如图9-73所示。

🔍 **步骤 05** 在右侧"遮罩类型"选项区中，选中"静止"单选按钮，如图9-74所示。

🔍 **步骤 06** 制作完成后，单击"确定"按钮，返回会声会影编辑器，此时覆叠轨中的素材缩略图显示已绘制好的遮罩样式，如图9-75所示。

🔍 **步骤 07** 在预览窗口中，可以预览制作的视频圆形遮罩效果，如图9-76所示。

图9-72 选取椭圆工具

图9-73 在视频上绘制一个圆

图9-74 选中"静止"单选按钮

图9-75　显示已绘制好的遮罩样式

图9-76　预览制作的圆形遮罩效果

步骤 08 拖曳覆叠素材四周的黄色控制柄，调整覆叠素材的大小和位置，如图9-77所示。

步骤 09 制作完成后，单击"播放"按钮，预览制作的圆形遮罩效果，如图9-78所示。

图9-77　调整覆叠大小和位置

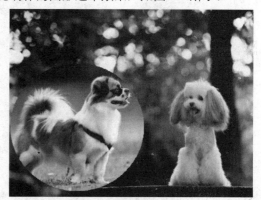

图9-78　预览圆形遮罩效果

9.4.2 ‖ 制作矩形遮罩效果

在"遮罩创建器"对话框中，通过矩形工具可以在视频画面中创建矩形遮罩效果。下面介绍制作矩形遮罩效果的操作方法。

扫描二维码 获取文件资源	素材文件	素材\第9章\最美景致1.mpg、最美景致2.mpg
	效果文件	效果\第9章\最美景致.VSP
	视频文件	视频\第9章\9.4.2　制作矩形遮罩效果.mp4

🔍 实战精通139——最美景致

步骤 01 在视频轨和覆叠轨中分别插入一段视频素材，并在预览窗口调整覆叠素材大小，然后在时间轴中选择覆叠素材，如图9-79所示。

步骤 02 在时间轴面板上方，单击"遮罩创建器"按钮，如图9-80所示。

步骤 03 弹出"遮罩创建器"对话框，在右侧"遮罩类型"选项区中，选中"静止"单选按钮；在"遮罩工具"选项区中，选取矩形工具，如图9-81所示。

图9-79　选择覆叠素材

图9-80　单击"遮罩创建器"按钮

图9-81　选取矩形工具

步骤 04　在左侧预览窗口中按住鼠标左键并拖曳，在视频上绘制一个矩形，如图9-82所示。

图9-82　在视频上绘制一个矩形

步骤 05　制作完成后，单击"确定"按钮，返回会声会影编辑器，在预览窗口中可以预览创建的遮罩效果，如图9-83所示。

步骤 06　在预览窗口中，移动覆叠素材画面至合适位置，如图9-84所示。

图9-83　预览创建的遮罩效果

图9-84　移动覆叠素材的位置

步骤 07 在导览面板中单击"播放"按钮，预览制作的矩形遮罩效果，如图9-85所示。

图9-85　预览制作的矩形遮罩效果

9.4.3 ‖ 制作特定遮罩效果　★进阶★

在"遮罩创建器"对话框中，通过遮罩刷工具可以制作出特定画面或对象的遮罩效果，相当于Photoshop中的抠图功能。下面介绍制作特定遮罩效果的操作方法。

扫描二维码获取文件资源	素材文件	素材\第9章\动物园区1.mpg、动物园区2.mpg
	效果文件	效果\第9章\动物园区.VSP
	视频文件	视频\第9章\9.4.3　制作特定遮罩效果.mp4

实战精通140——动物园区

步骤 01 在视频轨和覆叠轨中分别插入一段视频素材，如图9-86所示，并在预览窗口中调整覆叠素材大小。

步骤 02 选择覆叠轨中的视频素材，在时间轴面板上方单击"遮罩创建器"按钮，如图9-87所示。

步骤 03 弹出"遮罩创建器"对话框，在右侧"遮罩类型"选项区中，选中"静止"单选按钮；在"遮罩工具"选项区中，选取遮罩刷工具，如图9-88所示。

图9-86 分别插入视频素材

图9-87 单击"遮罩创建器"按钮

图9-88 选取遮罩刷工具

步骤 04 将鼠标指针移至左侧预览窗口中，在需要抠取的视频画面上按住鼠标左键并拖曳，创建遮罩区域，如图9-89所示。

图9-89 创建遮罩区域

步骤 05 遮罩创建完成后，释放鼠标左键，被抠取的视频画面将被选中，如图9-90所示。

步骤 06 制作完成后，单击"确定"按钮，返回会声会影编辑器，在预览窗口中可以调整抠取的视频画面位置和大小，如图9-91所示。

步骤 07 在导览面板中单击"播放"按钮，预览制作的特定遮罩效果，如图9-92所示。

图9-90　被抠取的视频画面将被选中

图9-91　调整位置和大小

图9-92　预览制作的特定遮罩效果

9.5　通过覆叠制作视频特效

在会声会影2019中，覆叠有多种编辑方式，可以制作出多种不同样式的画中画特效，如照片滚屏画中画效果、相框画面移动效果、画面闪屏抖音视频效果、二分画面显示效果以及水面船只倒影效果等，希望读者熟练掌握本节内容。

◀ 9.5.1 ‖ 制作照片滚屏画中画效果　★进阶★ ▶

在会声会影2019中，滚屏画面是指覆叠素材从屏幕的一端滚动到屏幕另一端的效果。下面向读者介绍通过"自定义动作"功能制作照片滚屏画中画效果的操作方法。

扫描二维码 获取文件资源	素材文件	素材\第9章\艺术人生1.jpg、艺术人生2.jpg、美女相框.jpg
	效果文件	效果\第9章\艺术人生.VSP
	视频文件	视频\第9章\9.5.1　制作照片滚屏画中画效果.mp4

🔍 实战精通141——艺术人生 ▶

🔍步骤 01 进入会声会影编辑器，在视频轨中插入一幅素材图像，如图9-93所示。

步骤 02 在"编辑"选项面板中，设置素材的区间为0:00:08:024，如图9-94所示。

图9-93 插入素材图像

图9-94 设置素材的区间

步骤 03 在覆叠轨中，插入另一幅素材图像，如图9-95所示。

步骤 04 在"编辑"选项面板中，设置素材的区间为0:00:07:000，更改素材区间长度，如图9-96所示。

图9-95 插入另一幅素材图像

图9-96 更改素材区间长度

步骤 05 在菜单栏中，选择"编辑"|"自定义动作"命令，如图9-97所示。

步骤 06 弹出"自定义动作"对话框，选择第1个关键帧，在"位置"选项区中设置X为40、Y为-155，在"大小"选项区中设置X和Y均为40，如图9-98所示。

图9-97 选择"自定义动作"命令

图9-98 设置第1个关键帧

步骤 07 选择第2个关键帧，在"位置"选项区中设置X为40、Y为155，在"大小"选项区中设置X和Y均为40，如图9-99所示。

步骤 08 单击"确定"按钮，在时间轴面板中插入一条覆叠轨道，如图9-100所示。

图9-99 设置第2个关键帧

图9-100 插入覆叠轨道

🔍 **步骤 09** 选择第1条覆叠轨道上的素材,单击鼠标右键,在弹出的快捷菜单中选择"复制"命令,如图9-101所示。

🔍 **步骤 10** 将复制的素材粘贴到第2条覆叠轨道中的适当位置,如图9-102所示。

图9-101 选择"复制"命令

图9-102 粘贴到第2条覆叠轨道

🔍 **步骤 11** 在粘贴后的素材文件上单击鼠标右键,在弹出的快捷菜单中选择"替换素材" |
"照片"命令,如图9-103所示。

🔍 **步骤 12** 弹出"替换/重新链接素材"对话框,选择需要替换的素材后,单击"打开"按钮,
即可替换覆叠轨2中的素材文件,如图9-104所示。

图9-103 选择"照片"命令

图9-104 替换覆叠轨2中的文件

🔍 **步骤 13** 在导览面板中单击"播放"按钮,预览照片滚屏画中画特效,如图9-105所示。

图9-105 预览照片滚屏画中画效果

9.5.2 ‖ 制作相框画面移动效果 ★进阶★

在会声会影2019中,使用"画中画"滤镜可以制作出照片展示相框型画中画特效。下面介绍制作相框画面移动效果的操作方法。

扫描二维码 获取文件资源	素材文件	素材\第9章\铜官古镇.VSP
	效果文件	效果\第9章\铜官古镇.VSP
	视频文件	视频\第9章\9.5.2 制作相框画面移动效果.mp4

🔍 实战精通142——铜官古镇

🔍**步骤 01** 进入会声会影编辑器,打开一个项目文件,如图9-106所示。

🔍**步骤 02** 选择第一个覆叠素材,在"效果"选项面板中,单击"遮罩和色度键"按钮,进入相应选项面板,选中"应用覆叠选项"复选框,设置"类型"为"遮罩帧",在右侧选择最后1行第1个预设样式,如图9-107所示。

图9-106 打开项目文件   图9-107 选择相应预设样式

🔍**步骤 03** 切换至"滤镜"选项卡,单击窗口上方的"画廊"按钮,在弹出的列表框中选择"NewBlue视频精选Ⅱ",打开"NewBlue视频精选Ⅱ"素材库,选择"画像中画"滤镜,按住鼠标左键并将其拖曳至覆叠轨1中的覆叠素材上,添加"画像中画"滤镜效果,在"效果"选项面板中单击"自定义滤镜"按钮,如图9-108所示。

🔍**步骤 04** 弹出相应对话框,拖曳滑块到开始位置,设置图像位置X为0.0、Y为-100.0;拖曳滑块到中间位置,选择"阴影"选项;拖曳滑块到结束位置,设置图像位置X为-100.0、Y为0,单击"行"按钮,在预览窗口中预览覆叠效果,如图9-109所示。

图9-108 单击"自定义滤镜"按钮

图9-109 预览覆叠效果

> 在会声会影2019中，"NewBlue视频精选Ⅱ"素材库中的"画中画"滤镜功能十分强大，可以做出多种不同的画中画特效，希望读者多加操作练习，熟练掌握。

步骤 05 选择第一个覆叠素材，单击鼠标右键，在弹出的快捷菜单中选择"复制属性"命令。选择其他素材，单击鼠标右键，在弹出的快捷菜单中选择"粘贴所有属性"命令，对于覆叠轨中的"边框.png"素材，粘贴属性时可以修改相关画中画参数，单击导览面板中的播放按钮，预览制作的视频画面效果，如图9-110所示。

图9-110 预览制作的视频画面效果

9.5.3 制作画面闪屏抖音视频效果 ★进阶★

在会声会影2019中，通过在覆叠轨中制作出断断续续的素材画面，可以形成闪频特效。这种画面闪屏效果在短视频中也经常会用到。下面介绍制作画面闪屏抖音视频效果的操作方法。

扫描二维码 获取文件资源	素材文件	素材\第9章\片头特效.VSP
	效果文件	效果\第9章\片头特效.VSP
	视频文件	视频\第9章\9.5.3 制作画面闪屏抖音视频效果.mp4

实战精通143——片头特效

步骤 01 进入会声会影编辑器，打开一个项目文件，如图9-111所示。

步骤 02 在预览窗口中，可以预览项目效果，如图9-112所示。

图9-111　打开项目文件

图9-112　预览项目效果

步骤 03　选择覆叠素材，在"效果"选项面板中单击"遮罩和色度键"按钮，如图9-113所示。

步骤 04　进入相应选项面板，设置"类型"为"遮罩帧"，在右侧的样式列表框中选择第6行
第2个遮罩样式，如图9-114所示。

图9-113　单击"遮罩和色度键"按钮

图9-114　选择相应样式

步骤 05　切换至"编辑"选项面板，设置覆叠素材的"照片区间"为0:00:00:10，如图9-115所示。

步骤 06　在覆叠轨中，调整素材至1秒的位置，如图9-116所示。

图9-115　设置覆叠素材的"照片区间"

图9-116　调整素材位置

步骤 07　复制覆叠素材，在1秒20帧的位置和
2秒15帧的位置分别粘贴，如图9-117
所示。

步骤 08　执行操作后，单击导览面板中的
"播放"按钮，即可预览制作的画
面闪烁效果，如图9-118所示。

图9-117　粘贴覆叠素材

图9-118 预览制作的画面闪烁效果

9.5.4 ‖ 制作二分画面显示效果 ★进阶★

在影视作品和短视频中，常有一个黑色条块分开屏幕的画面，称为二分画面。下面介绍制作视频中二分画面效果的操作方法。

扫描二维码 获取文件资源	素材文件	素材\第9章\花瓣飘落.wmv
	效果文件	效果\第9章\花瓣飘落.VSP
	视频文件	视频\第9章\9.5.4 制作二分画面显示效果.mp4

实战精通144——花瓣飘落

🔍**步骤 01** 进入会声会影编辑器，在视频轨中插入一段视频素材，如图9-119所示。

🔍**步骤 02** 在菜单栏中选择"设置"|"轨道管理器"命令，弹出"轨道管理器"对话框，单击覆叠轨右侧的下拉按钮，在弹出的列表框中选择3，单击"确定"按钮，进入"颜色"素材库，选择"黑色"色块，按住鼠标左键并将其拖曳至覆叠轨1中，释放鼠标左键，添加黑色色块，在时间轴中调整素材区间到合适位置，如图9-120所示。

图9-119 插入视频素材

图9-120 调整素材区间

🔍**步骤 03** 在预览窗口中拖动黑色色块四周的黄色控制柄，调整色块的大小和位置，在覆叠轨2和覆叠轨3中分别加入白色色块，在预览窗口中调整素材大小和位置，如图9-121所示。

🔍**步骤 04** 执行上述操作后，单击"录制/捕获选项"按钮，弹出"录制/捕获选项"对话框，单击"快照"按钮，即可在素材库查看捕获的素材，删除覆叠轨中的所有素材，拖曳捕获的素材到覆叠轨中，在时间轴中调整素材区间，在预览窗口中调整素材大小，切换至"效果"选项面板，单击"遮罩和色度键"按钮，选中"应用覆叠选项"复选框，选择"类型"为"色度键"，设置"覆叠遮罩的色彩"为白色，设置"针对遮罩的色彩相似度"为100，如图9-122所示。

图9-121 调整素材大小和位置   图9-122 设置相应参数

🔍 **步骤 05** 单击导览面板中的"播放"按钮，预览制作的画面二分效果，如图9-123所示。

图9-123 预览制作的画面效果

◀ **9.5.5** ‖ 制作水面物景倒影效果   ★进阶★   ▶

在一些短视频和影视作品中，常看到视频画面有倒影的效果，在会声会影2019中应用"画像中画"滤镜可以制作水面倒影的效果。下面介绍制作水面物景倒影效果的操作方法。

扫描二维码 获取文件资源	素材文件	素材\第9章\两只小猴.jpg
	效果文件	效果\第9章\两只小猴.VSP
	视频文件	视频\第9章\9.5.5 制作水面物景倒影效果.mp4

🔍 **实战精通145——两只小猴** ▶

🔍 **步骤 01** 进入会声会影编辑器，在故事板中插入一幅素材图像，如图9-124所示。

🔍 **步骤 02** 切换至"滤镜"选项卡，选择并添加"画像中画"滤镜，在"效果"选项面板中，单击"自定义滤镜"按钮，如图9-125所示。

🔍 **步骤 03** 弹出相应的对话框，在下方的预设样式中，选择"温柔的反思"预设样式，如图9-126所示。

🔍 **步骤 04** 设置完成后，单击"行"按钮，返回会声会影操作界面，在预览窗口中，可以预览制作的水面倒影视频画面，如图9-127所示。

图9-124　插入素材图像

图9-125　单击"自定义滤镜"按钮

图9-126　选择"温柔的反思"滤镜效果

图9-127　预览水面倒影视频画面

9.5.6 ‖ 制作照片立体旋转特效　★进阶★

　　在会声会影2019中，用户可以通过"画中画"视频滤镜，制作出照片立体旋转特效，类似旋转马车的运动效果。下面介绍制作照片立体旋转特效的操作方法。

扫描二维码 获取文件资源	素材文件	素材\第9章\气质美女.VSP
	效果文件	效果\第9章\气质美女.VSP
	视频文件	视频\第9章\9.5.6　制作照片立体旋转特效.mp4

🔍 实战精通146——气质美女 ➡

🔍步骤 01　进入会声会影编辑器，打开一个项目文件，如图9-128所示。

🔍步骤 02　选择覆叠轨1中的第一个素材文件，在"效果"选项面板中单击"自定义滤镜"按钮，弹出相应对话框，选中"使用关键帧"复选框，切换至开始处的关键帧，设置图像的位置X为-10、Y为0，在"尺寸"数值框中输入60；拖动滑块到中间的位置，设置图像的位置X为-60、Y为0，在"尺寸"数值框中输入35；拖动滑块到结束的位置，设置图像的位置X为-65.0、Y为0，在"尺寸"数值框中输入35。设置完成后，单击"行"按钮，如图9-129所示。

图9-128　打开项目文件

图9-129　单击"行"按钮

步骤 03 选择覆叠素材，单击鼠标右键，在弹出的快捷菜单中选择"复制属性"命令，选择覆叠轨右侧的所有素材，单击鼠标右键，在弹出的快捷菜单中选择"粘贴所有属性"命令，如图9-130所示，即可复制属性到右侧的所有覆叠素材中。

步骤 04 选择覆叠轨2中的第一个素材文件，在"效果"选项面板中单击"自定义滤镜"按钮，弹出"NewBlue画中画"对话框，选中"使用关键帧"复选框，切换至开始处的关键帧，设置图像的位置X为100、Y为0，在"尺寸"数值框中输入40；拖动滑块到中间的位置，设置图像的位置X为0、Y为0，在"尺寸"数值框中输入60；拖动滑块到结束的位置，设置图像的位置X为-10、Y为0，在"尺寸"数值框中输入60。设置完成后，单击"行"按钮，如图9-131所示。

图9-130　选择"粘贴所有属性"命令

图9-131　单击"行"按钮

步骤 05 选择覆叠素材，单击鼠标右键，在弹出的快捷菜单中选择"复制属性"命令，选择覆叠轨右侧的所有素材，单击鼠标右键，在弹出的快捷菜单中选择"粘贴所有属性"命令，如图9-132所示，即可复制属性到右侧的所有覆叠素材中。

步骤 06 选择覆叠轨3中的第一个素材文件，在"效果"选项面板中单击"自定义滤镜"按钮，弹出"NewBlue画中画"对话框，选中"使用关键帧"复选框，切换至开始处的关键帧，设置图像的位置X为100、Y为0，在"尺寸"数值框中输入0；拖动滑块到中间的位置，设置图像的位置X为60、Y为0，在"尺寸"数值框中输入35；拖动滑块到结束的位置，设置图像的位置X为55、Y为0，在"尺寸"数值框中输入35。设置完成后，单击"行"按钮，如图9-133所示。

图9-132　选择"粘贴所有属性"命令

图9-133　单击"行"按钮

步骤 07 使用同样的方法，复制属性至覆叠轨3右侧的覆叠素材中，复制完成后，即可完成移动变幻图像特效的制作，单击导览面板中的"播放"按钮，预览制作的视频画面效果，如图9-134所示。

图9-134　预览制作的视频画面效果

9.6　制作画面同框分屏特效

在会声会影2019中，提供了分屏特效功能，在预览窗口中可以同时容纳多个视频或多张照片，同时预览多个素材动态或静态效果，即多屏同框兼容。用户可以通过两种方式制作分屏特效，一种是使用"即时项目"素材库中的分屏模板，一种是通过单击时间轴工具栏中的"分屏模板创建器"按钮，打开"模板编辑器"窗口，在其中创建自定义分屏模板。本节主要向读者介绍制作多个画面同框分屏特效的操作方法。

◀ 9.6.1 ┃ 使用模板制作分屏特效　　★进阶★ ▶

在会声会影编辑器中，打开"即时项目"素材库，在"分割画面"模板素材库中任意选择一个模板，替换素材，并为覆叠轨中的素材添加摇动和缩放效果，即可制作出分屏特效。下面向读者介绍使用模板制作分屏特效的操作方法。

扫描二维码 获取文件资源	素材文件	素材\第9章\帅哥美女1.jpg~帅哥美女4.jpg
	效果文件	效果\第9章\帅哥美女.VSP
	视频文件	视频\第9章\9.6.1　使用模板制作分屏特效.mp4

实战精通147——帅哥美女

步骤 01 单击"即时项目"按钮，在"分割画面"素材库中选择IP-07模板，如图9-135所示。

步骤 02 按住鼠标左键并拖曳至时间轴面板中的合适位置，添加模板，如图9-136所示。

图9-135　选择模板　　　　　　　　　　　　　图9-136　添加模板

步骤 03 选择覆叠轨1中的素材文件，单击鼠标右键，在弹出的快捷菜单中选择"替换素材"|"照片"命令，如图9-137所示，替换素材图像。

步骤 04 在弹出的对话框中，选择相应照片素材，单击"打开"按钮，如图9-138所示。

图9-137　选择"照片"命令　　　　　　　　图9-138　单击"打开"按钮

步骤 05 选择"叠加1"覆叠轨道中已替换的素材，如图9-139所示。

步骤 06 打开"编辑"选项面板，设置"照片区间"为0:00:03:000，选中"应用摇动和缩放"复选框，如图9-140所示。

步骤 07 单击"自定义"按钮左侧的下拉按钮，在弹出的列表框中选择第1行第2个摇动和缩放预设样式，如图9-141所示。

步骤 08 在预览窗口中，通过拖曳素材四周的控制柄，调整替换的素材图像的大小和位置，如图9-142所示。

步骤 09 使用同样的方法，替换其余的覆叠轨道中的素材图像，并设置素材区间为0:00:03:000，单击"播放"按钮，即可预览制作的分屏效果，如图9-143所示。

图9-139　选择已替换的素材

图9-140　选中"应用摇动和缩放"复选框

图9-141　选择预设样式

图9-142　调整素材图像的大小和位置

图9-143　预览制作的分屏效果

9.6.2 ‖ 制作手机竖屏三屏特效　★进阶★

　　在抖音短视频中，分屏同框短视频是比较热门的一种视频形式，可以将多个不同的素材文件同框分屏显示，也可以将同一个素材文件分成多个画面同框显示。在会声会影2019中，制作手机竖屏三屏特效，可以通过时间轴工具栏中的快捷按钮打开分屏模板创建器进行操作。下面向读者介绍制作手机竖屏三屏特效的操作方法。

扫描二维码 获取文件资源	素材文件	素材\第9章\花鸟鱼虫.mpg
	效果文件	效果\第9章\花鸟鱼虫.VSP
	视频文件	视频\第9章\9.6.2　制作手机竖屏三屏特效.mp4

实战精通148——花鸟鱼虫

步骤 01 进入会声会影编辑器，在"媒体"素材库中右侧的空白位置单击鼠标右键，弹出快捷菜单，选择"插入媒体文件"命令，如图9-144所示。

步骤 02 执行操作后，弹出"浏览媒体文件"对话框，在其中选择需要导入的媒体素材，单击"打开"按钮，即可将素材导入素材库中，如图9-145所示。

图9-144 选择"插入媒体文件"命令

图9-145 导入素材库中

步骤 03 在导览面板中，设置"更改项目宽高比"为手机竖屏模式，如图9-146所示。

步骤 04 在时间轴工具栏中，单击"分屏模板创建器"按钮，如图9-147所示。

图9-146 设置为手机竖屏模式

图9-147 单击"分屏模板创建器"按钮

步骤 05 执行操作后，弹出"模板编辑器"对话框，在其中选取相应的"分割工具"，如图9-148所示。

图9-148 选取"分割工具"

步骤 06 在编辑窗口中，使用选择的"分割工具"自定义分屏操作，如图9-149所示。

图9-149 自定义分屏操作

步骤 07 在左侧的素材库中选择相应的素材图像，按住鼠标左键并拖曳至相应选项卡中，即可置入素材，如图9-150所示。

图9-150 置入素材

步骤 08 使用同样的方法，将素材置入其余的选项卡，如图9-151所示。

图9-151 置入其余选项卡

步骤 09 选择选项卡中的素材，在预览窗口中调整素材的大小和位置，如图9-152所示。

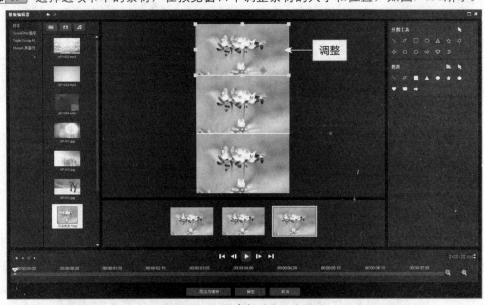

图9-152　调整素材的大小和位置

步骤 10 单击"确定"按钮，返回会声会影编辑面板，单击"播放"按钮，即可预览制作的
手机竖屏三屏特效，如图9-153所示。

图9-153　预览制作的手机竖屏三屏特效

一枝独秀　美不胜收　水天一色 如画美景　第10章

制作视频字幕特效

学习提示

　　在会声会影2019中，标题字幕在视频编辑中是不可缺少的，它是影片中的重要组成部分。在影片中加入一些说明性的文字，能够有效地帮助观众理解影片的含义。本章主要介绍制作视频标题字幕特效的各种方法，希望读者学完以后，可以轻松制作出各种精美的标题字幕效果。

🗑 CLEAR　　⬆ SUBMIT

相间　白色袋鼠

冰水特效

本章重点导航

🗑 CLEAR　　⬆ SUBMIT

10.1 创建标题字幕文件

在会声会影2019中，标题字幕是影片中必不可少的元素，好的标题不仅可以传送画面以外的信息，还可以增强影片的艺术效果。为影片设置漂亮的标题字幕，可以使影片更具有吸引力和感染力。本节主要介绍创建标题字幕的操作方法。

10.1.1 ‖ 添加标题字幕文件

标题字幕设计与书写是视频编辑的艺术手段之一，好的标题字幕可以起到美化视频的作用。下面将向读者介绍创建标题字幕的方法。

扫描二维码 获取文件资源	素材文件	素材\第10章\开始旅程.jpg
	效果文件	效果\第10章\开始旅程.VSP
	视频文件	视频\第10章\10.1.1　添加标题字幕文件.mp4

🔍 **实战精通149——开始旅程** ▶

🔍 **步骤 01** 进入会声会影编辑器，在故事板中插入一幅素材图像，如图10-1所示。

🔍 **步骤 02** 在预览窗口中，可以预览素材图像画面效果，如图10-2所示。

图10-1　插入素材图像

图10-2　预览素材图像画面效果

🔍 **步骤 03** 切换至时间轴视图，单击"标题"按钮切换至"标题"素材库，如图10-3所示。

🔍 **步骤 04** 在预览窗口中的适当位置双击鼠标左键，出现一个文本输入框，在其中输入相应文本内容，如图10-4所示，按【Enter】键即可进行换行操作。

图10-3　单击"标题"按钮

图10-4　输入相应文本内容

步骤 05 使用同样的方法，再次在预览窗口中输入相应文本内容，如图10-5所示。

步骤 06 执行操作后，即可在预览窗口中调整字幕的位置并预览创建的标题字幕效果，如图10-6所示。

图10-5　输入相应的文本内容

图10-6　预览创建的标题字幕效果

专家指点

当用户在标题轨中创建好标题字幕文件之后，系统会为创建的标题字幕设置一个默认的播放时间长度，用户可以通过对标题字幕的调节，从而改变这一默认的播放时间长度。在会声会影2019中输入标题时，当输入的文字超出安全区域时，可以拖动矩形框上的控制柄进行调整。

◀ 10.1.2 ‖ 使用标题模板创建标题 ▶

会声会影2019的"标题"素材库中提供了丰富的预设标题，用户可以直接将其添加到标题轨上，再根据需要修改标题的内容，使预设的标题能够与影片融为一体。

扫描二维码 获取文件资源	素材文件	素材\第10章\艺术中心.jpg
	效果文件	效果\第10章\艺术中心.VSP
	视频文件	视频\第10章\10.1.2　使用标题模板创建标题.mp4

🔍 实战精通150——艺术中心 ▶

步骤 01 进入会声会影编辑器，在视频轨中插入一幅素材图像，如图10-7所示。

步骤 02 单击"标题"按钮，切换至"标题"选项卡，在右侧的列表框中显示了多种标题预设样式，选择相应的标题样式，如图10-8所示。

图10-7　插入素材图像

图10-8　选择相应的标题样式

步骤 03 在预设标题字幕的上方，按住鼠标左键并拖曳至标题轨中的适当位置，释放鼠标左键,即可添加标题字幕,如图10-9所示。

步骤 04 在预览窗口中,更改文本的内容为"艺术中心",如图10-10所示。

图10-9 添加标题字幕

图10-10 更改文本的内容

步骤 05 在"编辑"选项面板中,设置文本字体为"方正舒体"、字体大小为70,颜色为黄色,如图10-11所示。

图10-11 设置相应属性

在"编辑"选项面板中,各主要选项含义如下。

① "区间"数值框:该数值框用于调整标题字幕播放时间的长度,显示了当前播放所选标题字幕所需的时间,时间码上的数字代表"小时:分钟:秒:帧",单击其右侧的微调按钮,可以调整数值的大小,也可以单击时间码上的数字,待数字处于闪烁状态时,输入新的数字后按【Enter】键确认,即可改变标题字幕的播放时间长度。

② "将方向更改为垂直"按钮:单击该按钮,即可将文本进行垂直对齐操作,若再次单击该按钮,即可将文本进行水平对齐操作。

③ "字体"列表框:单击"字体"右侧的下拉按钮,在弹出的列表框中显示了系统中所有的字体类型,用户可根据需要选择相应的字体选项。

④ "字体大小"列表框:单击"字体大小"右侧的下拉按钮,在弹出的列表框中选择相应的大小选项,即可调整字体的大小。

⑤ "色彩"色块:在"编辑"面板中,单击该色块,在弹出的颜色面板中可以设置字体的颜色。

⑥ "行间距"列表框:单击"行间距"右侧的下拉按钮,在弹出的列表框中选择相应的选项,可以设置文本的行间距。

⑦ "按角度旋转"数值框:该数值框主要用于设置文本的旋转角度。

⑧ "文字背景"复选框:选中该复选框,可以为文字添加背景效果。

⑨ **"边框/阴影/透明度"按钮**：单击该按钮，在弹出的对话框中用户可根据需要设置文本的边框、阴影以及透明度等效果。

⑩ **"打开字幕文件"按钮**：单击该按钮，可以打开已有的字幕文件。

⑪ **"保存字幕文件"按钮**：单击该按钮，可以字幕保存为文本文件。

⑫ **"对齐"按钮组**：该组中提供了3个对齐按钮，分别为"左对齐"按钮 ，"居中"按钮 以及"右对齐"按钮 ，单击相应的按钮，即可将文本进行相应对齐操作。

🔍**步骤 06** 在预览窗口中调整字幕的位置，单击导览面板中的"播放"按钮，预览标题字幕动画效果，如图10-12所示。

图10-12 预览标题字幕动画效果

◀ 10.1.3 ‖ 删除标题字幕文件 ▶

在会声会影2019中，用户还可以将已创建的标题字幕文件进行删除操作。下面介绍删除已创建的标题字幕文件的操作方法。

扫描二维码获取文件资源	素材文件	素材\第10章\晚霞满天.VSP
	效果文件	效果\第10章\晚霞满天.VSP
	视频文件	视频\第10章\10.1.3 删除标题字幕文件.mp4

🔍 **实战精通151——晚霞满天** ▶

🔍**步骤 01** 进入会声会影2019编辑器，打开一个项目文件，如图10-13所示。

🔍**步骤 02** 在预览窗口中，可以预览素材图像画面效果，如图10-14所示。

图10-13 打开项目文件　　　　图10-14 预览素材图像画面效果

🔍**步骤 03** 在标题轨中，选择需要删除的字幕文件，单击鼠标右键，在弹出的快捷菜单中选择"删除"命令，如图10-15所示。

步骤 04 执行操作后，即可删除字幕文件，在预览窗口中可以预览素材图像画面效果，如图10-16所示。

图10-15 选择"删除"命令

图10-16 预览素材图像画面效果

10.2 设置标题字幕属性

会声会影2019中的字幕编辑功能与Word等文字处理软件相似，提供了较为完善的字幕编辑和设置功能，用户可以对文本或其他字幕对象进行编辑和美化操作。本节主要介绍8种设置标题属性的方法。

◀ 10.2.1 ‖ 设置标题区间

在会声会影2019中，为了使标题字幕与视频同步播放，用户可根据需要调整标题字幕的区间长度。下面介绍设置标题区间的操作方法。

扫描二维码 获取文件资源	素材文件	素材\第10章\一枝独秀.VSP
	效果文件	效果\第10章\一枝独秀.VSP
	视频文件	视频\第10章\10.2.1　设置标题区间.mp4

🔍 **实战精通152——一枝独秀** ▶

步骤 01 进入会声会影编辑器，打开一个项目文件，如图10-17所示。

步骤 02 在标题轨中选择需要调整区间的标题字幕，如图10-18所示。

图10-17 打开项目文件

图10-18 选择标题字幕

步骤 03 在"编辑"选项面板中，设置字幕的"区间"为0:00:06:000，如图10-19所示。

步骤 04 执行上述操作后，即可更改标题字幕的区间，如图10-20所示。

图10-19 设置字幕区间

图10-20 更改标题字幕的区间

10.2.2 设置标题字体

在会声会影2019的标题"编辑"面板中，还提供了多款标题字体类型，用户可根据需要对标题轨中的标题字体类型进行更改操作，使其在视频中显示效果更佳。

扫描二维码 获取文件资源	素材文件	素材\第10章\天边云彩.VSP
	效果文件	效果\第10章\天边云彩.VSP
	视频文件	视频\第10章\10.2.2 设置标题字体.mp4

实战精通153——天边云彩

步骤 01 进入会声会影编辑器，打开一个项目文件，如图10-21所示。

步骤 02 在标题轨中，双击需要更改类型的标题字幕，如图10-22所示。

图10-21 打开项目文件

图10-22 双击标题字幕

步骤 03 在"编辑"选项面板中单击"字体"右侧的下拉按钮，在弹出的列表框中选择"华文行楷"选项，如图10-23所示。

步骤 04 执行上述操作后，即可更改标题字体类型为"华文行楷"，在预览窗口中即可预览字体效果，如图10-24所示。

图10-23 选择"华文行楷"选项

图10-24 预览字体效果

10.2.3 ▌设置字体大小

在会声会影2019中，将标题文字设置为合适的大小，可以使文字更具观赏性。下面介绍设置字体大小的操作方法。

扫描二维码 获取文件资源	素材文件	素材\第10章\美不胜收.VSP
	效果文件	效果\第10章\美不胜收.VSP
	视频文件	视频\第10章\10.2.3　设置字体大小.mp4

实战精通154——美不胜收

步骤 01 进入会声会影编辑器，打开一个项目文件，如图10-25所示。

步骤 02 在标题轨中，使用鼠标左键双击需要设置字体大小的标题字幕，如图10-26所示。

图10-25　打开项目文件

图10-26　双击标题字幕

步骤 03 此时预览窗口中的标题字幕为选中状态，如图10-27所示。

步骤 04 在"编辑"选项面板的"字体大小"数值框中输入120，按【Enter】键确认，如图10-28所示。

图10-27　选中状态

图10-28　输入120

步骤 05 执行操作后，即可更改标题字体大小，如图10-29所示。

步骤 06 在导览面板中单击"播放"按钮，预览标题字幕效果，如图10-30所示。

图10-29　更改标题字体大小

图10-30　预览标题字幕效果

10.2.4 设置字体颜色

在会声会影2019中，用户根据素材与标题字幕的匹配程度，更改标题字体的颜色效果，给字体添加相匹配的颜色，可以让制作的影片更加具有观赏性。

扫描二维码 获取文件资源	素材文件	素材\第10章\静静守候.VSP
	效果文件	效果\第10章\静静守候.VSP
	视频文件	视频\第10章\10.2.4　设置字体颜色.mp4

🔍 **实战精通155——静静守候**

步骤 01 进入会声会影编辑器，打开一个项目文件，如图10-31所示。

步骤 02 在标题轨中，双击需要更改字体颜色的标题字幕，如图10-32所示。

图10-31　打开项目文件

图10-32　双击标题字幕

步骤 03 在"编辑"选项面板中单击"颜色"色块，在弹出的颜色面板中选择第2行第2个颜色，如图10-33所示。

步骤 04 执行上述操作后，在预览窗口中预览字幕效果，如图10-34所示。

图10-33　选择紫色

图10-34　预览字幕效果

在会声会影2019中，除了可以运用色彩选项面板中的颜色外，用户还可以运用Coerl色彩选取器和Windows色彩选取器中的颜色。

10.2.5 设置行间距

在会声会影2019中，增加标题字幕的行间距，可以使字幕行与行之间显示更加清晰、整齐。下面介绍设置行间距的操作方法。

扫描二维码 获取文件资源	素材文件	素材\第10章\如画美景.VSP
	效果文件	效果\第10章\如画美景.VSP
	视频文件	视频\第10章\10.2.5　设置行间距.mp4

实战精通156——如画美景

步骤 01 进入会声会影编辑器，打开一个项目文件，如图10-35所示。

步骤 02 在预览窗口中可以预览打开的项目效果，如图10-36所示。

图10-35　打开项目文件

图10-36　预览项目效果

步骤 03 在标题轨中双击需要设置行间距的标题字幕，在"编辑"选项面板中单击"行间距"右侧的下拉按钮，在弹出的下拉列表框中选择120选项，如图10-37所示。

步骤 04 执行上述操作后，即可设置标题字幕的行间距，在预览窗口中预览字幕效果，如图10-38所示。

图10-37　选择120选项

图10-38　预览字幕效果

在会声会影2019中，用户可根据需要对标题字幕的行间距进行相应设置，行间距的取值范围为60～999的整数。在"编辑"选项面板中单击"行间距"右侧的下拉按钮，在弹出的下拉列表框中可以设置行间距的参数。

10.2.6 ┃设置倾斜角度

在会声会影2019中，适当地设置文本的倾斜角度，可以使标题更具艺术美感。下面介绍倾斜角度的操作方法。

扫描二维码 获取文件资源	素材文件	素材\第10章\红白相间.VSP
	效果文件	效果\第10章\红白相间.VSP
	视频文件	视频\第10章\10.2.6　设置倾斜角度.mp4

实战精通157——红白相间

步骤 01 进入会声会影编辑器，打开一个项目文件，如图10-39所示。

步骤 02 在预览窗口中可以预览打开的项目效果，如图10-40所示。

图10-39　打开项目文件

图10-40　预览项目效果

步骤 03 在标题轨中双击需要设置倾斜角度的标题字幕，在"编辑"选项面板的"按角度旋转"数值框中输入20，如图10-41所示。

步骤 04 执行上述操作后，即可完成对标题字幕倾斜角度的设置，在预览窗口中可以预览字幕效果，如图10-42所示。

图10-41　输入数值

图10-42　预览字幕效果

10.2.7 ▌更改文本显示方向

在会声会影2019中，用户可以根据需要更改标题字幕的显示方向。下面介绍更改文本显示方向的操作方法。

扫描二维码 获取文件资源	素材文件	素材\第10章\可爱豚鼠.VSP
	效果文件	效果\第10章\可爱豚鼠.VSP
	视频文件	视频\第10章\10.2.7　更改文本显示方向.mp4

🔍 实战精通158——可爱豚鼠 ▶

步骤 01 进入会声会影编辑器，打开一个项目文件，如图10-43所示。

步骤 02 在预览窗口中可以预览打开的项目效果，如图10-44所示。

图10-43　打开项目文件

图10-44　预览项目效果

步骤 03 在标题轨中双击需要更改显示方向的标题字幕，在"编辑"选项面板中单击"将方向更改为垂直"按钮，如图10-45所示。

步骤 04 执行上述操作后，即可更改文本的显示方向，在预览窗口中调整字幕的位置，单击"播放"按钮，预览标题字幕效果，如图10-46所示。

图10-45　单击"将方向更改为垂直"按钮

图10-46　预览标题字幕效果

专家指点

在会声会影2019中，将文本设置为垂直后，再次单击"将方向更改为垂直"按钮，即可设置文本方向为默认显示方式。

10.2.8 ‖ 更改文本背景色　★进阶★

在会声会影2019中，用户可以根据需要设置标题字幕的背景颜色，使字幕更加显眼。下面介绍设置文本背景色的操作方法。

扫描二维码 获取文件资源	素材文件	素材\第10章\相互拥抱.VSP
	效果文件	效果\第10章\相互拥抱.VSP
	视频文件	视频\第10章\10.2.8　更改文本背景色.mp4

实战精通159——相互拥抱

步骤 01 进入会声会影编辑器，打开一个项目文件，如图10-47所示。

步骤 02 在预览窗口中预览打开的项目效果，如图10-48所示。

图10-47　打开项目文件

图10-48　预览项目效果

步骤 03 在标题轨中双击需要设置文本背景色的标题字幕，在"编辑"选项面板中选中"文字背景"复选框，单击"自定义文字背景的属性"按钮，如图10-49所示。

步骤 04 弹出"文字背景"对话框，单击"与文本相符"下方的下拉按钮，在弹出的列表框中选择"圆角矩形"选项，如图10-50所示。

图10-49　单击"自定义文字背景的属性"按钮

图10-50　选择"圆角矩形"选项

步骤 05 在"色彩设置"选项区中选中"单色"单选按钮，设置颜色为淡蓝色，设置"透明度"为40，如图10-51所示。

步骤 06 设置完成后，单击"确定"按钮，即可完成背景色的设置，在预览窗口中可以预览字幕效果，如图10-52所示。

图10-51　设置相应属性

图10-52　预览字幕效果

10.3 制作字幕静态特效

在会声会影2019中，除了改变文字的字体、大小和角度等属性外，还可以为文字添加一些装饰因素，从而使其更加出彩。本节主要介绍6种制作标题字幕静态特效的方法。

◀ 10.3.1 ‖ 制作镂空字体 ▶

镂空字体是指字体呈空心状态，只显示字体的外部边界。在会声会影2019中，运用"透明文字"复选框可以制作出镂空字体。下面介绍制作镂空字体的操作方法。

扫描二维码 获取文件资源	素材文件	素材\第10章\旅游随拍.VSP
	效果文件	效果\第10章\旅游随拍.VSP
	视频文件	视频\第10章\10.3.1　制作镂空字体.mp4

🔍 **实战精通160——旅游随拍** ▶

🔍**步骤 01** 进入会声会影编辑器，打开一个项目文件，如图10-53所示。

🔍**步骤 02** 在预览窗口中可以预览打开的项目效果，如图10-54所示。

图10-53　打开项目文件

图10-54　预览项目效果

🔍**步骤 03** 在标题轨中双击需要制作镂空特效的标题字幕，在"编辑"选项面板中单击"边框/阴影/透明度"按钮，如图10-55所示。

步骤 04　弹出"边框/阴影/透明度"对话框，选中"透明文字"和"外部边界"复选框，设置"边框宽度"为4，如图10-56所示。

图10-55　单击"边框/阴影/透明度"按钮

图10-56　设置相应属性

步骤 05　单击"线条色彩"右侧的色块，在颜色面板中选择淡蓝色色块，如图10-57所示。

步骤 06　执行上述操作后，单击"确定"按钮，即可设置镂空字体，在预览窗口中可以预览镂空字幕效果，如图10-58所示。

图10-57　选择相应颜色

图10-58　预览镂空字幕效果

专家指点

在会声会影2019中，打开"边框/阴影/透明度"对话框，在其中的"边框宽度"数值框中只能输入0~99的整数。

10.3.2 ‖ 制作突起字幕

在会声会影2019中，为标题字幕设置突起特效，可以使标题字幕在视频中更加突出、明显。下面介绍制作突起字幕的操作方法。

扫描二维码 获取文件资源	素材文件	素材\第10章\跳水运动.VSP
	效果文件	效果\第10章\跳水运动.VSP
	视频文件	视频\第10章\10.3.2　制作突起字幕.mp4

🔍 实战精通161——跳水运动

步骤 01　进入会声会影编辑器，打开一个项目文件，如图10-59所示。

步骤 02　在预览窗口中可以预览打开的项目效果，如图10-60所示。

图10-59 打开项目文件

图10-60 预览项目效果

步骤 03 在标题轨中双击需要制作突起特效的标题字幕，在"编辑"选项面板中，单击"边框/阴影/透明度"按钮，弹出"边框/阴影/透明度"对话框，切换至"阴影"选项卡，如图10-61所示。

步骤 04 单击"突起阴影"按钮，在其中设置X为6.0、Y为6.0，如图10-62所示。

图10-61 切换至"阴影"选项卡

图10-62 设置相应属性

步骤 05 单击下方的颜色色块，在弹出的颜色面板中选择黑色，如图10-63所示。

步骤 06 为字幕添加黑色阴影效果后，单击"确定"按钮，即可为标题字幕制作突起阴影效果，在预览窗口中可以预览突起阴影效果，如图10-64所示。

图10-63 选择黑色

图10-64 预览突起阴影效果

10.3.3 制作描边字幕

在会声会影2019中，为了使标题字幕样式丰富多彩，用户可以为标题字幕设置描边效果。下面介绍制作描边字幕的操作方法。

扫描二维码获取文件资源	素材文件	素材\第10章\相约一生.VSP
	效果文件	效果\第10章\相约一生.VSP
	视频文件	视频\第10章\10.3.3　制作描边字幕.mp4

实战精通162——相约一生

步骤 01 进入会声会影编辑器，打开一个项目文件，如图10-65所示。

步骤 02 在预览窗口中可以预览打开的项目效果，如图10-66所示。

图10-65　打开项目文件

图10-66　预览项目效果

步骤 03 在标题轨中双击需要制作描边特效的标题字幕，在"编辑"选项面板中单击"边框/阴影/透明度"按钮，弹出"边框/阴影/透明度"对话框，设置"边框宽度"2.0、"线条色彩"为黄色，如图10-67所示。

步骤 04 单击"确定"按钮，即可制作描边字幕效果，在预览窗口中可以预览描边字幕效果，如图10-68所示。

图10-67　设置相应属性

图10-68　预览描边字幕效果

10.3.4 ‖制作透明字幕

在会声会影2019中，通过设置标题字幕透明度可以调整标题的可见度。下面介绍透明字幕的操作方法。

扫描二维码获取文件资源	素材文件	素材\第10章\体育竞技.VSP
	效果文件	效果\第10章\体育竞技.VSP
	视频文件	视频\第10章\10.3.4　制作透明字幕.mp4

步骤 01 进入会声会影编辑器，打开一个项目文件，如图10-69所示。

步骤 02 在预览窗口中预览打开的项目效果，如图10-70所示。

图10-69　打开项目文件

图10-70　预览项目效果

步骤 03 在标题轨中选择字幕文件，在"编辑"选项面板中单击"边框/阴影/透明度"按钮，弹出"边框/阴影/透明度"对话框，在"文字透明度"数值框中输入20，如图10-71所示。

步骤 04 单击"确定"按钮，即可在预览窗口中预览透明字幕效果，如图10-72所示。

图10-71　输入数值

图10-72　预览透明字幕效果

10.3.5 ‖ 制作下垂字幕

在会声会影2019中，为了让标题字幕更加美观，用户可以为标题字幕添加下垂阴影效果。下面介绍制作下垂字幕的操作方法。

扫描二维码获取文件资源	素材文件	素材\第10章\欢乐圣诞.VSP
	效果文件	效果\第10章\欢乐圣诞.VSP
	视频文件	视频\第10章\10.3.5　制作下垂字幕.mp4

步骤 01 进入会声会影编辑器，打开一个项目文件，如图10-73所示。

步骤 02 在预览窗口中，预览打开的项目效果，如图10-74所示。

图10-73 打开项目文件　　　　　　　　　　图10-74 预览打开的项目效果

步骤 03 在标题轨中，使用鼠标左键双击需要制作下垂特效的标题字幕，此时预览窗口中的标题字幕为选中状态，如图10-75所示。

步骤 04 在"编辑"选项面板中单击"边框/阴影/透明度"按钮，弹出"边框/阴影/透明度"对话框，切换至"阴影"选项卡，如图10-76所示。

图10-75 标题字幕为选中状态　　　　　　　图10-76 切换至"阴影"选项卡

步骤 05 单击"下垂阴影"按钮，在其中设置X为5.0、Y为5.0，"下垂阴影色彩"为黑色，如图10-77所示。

步骤 06 执行上述操作后，单击"确定"按钮，即可制作下垂字幕，在预览窗口中可以预览下垂字幕效果，如图10-78所示。

图10-77 设置参数　　　　　　　　　　　　图10-78 预览下垂字幕效果

10.3.6 ‖ 制作3D字幕　★进阶★

在会声会影2019中，用户可以在"标题"素材库中选择3D字幕模板，为素材添加3D标题字幕，在3D标题编辑器中还可以更改字幕内容。下面介绍3D字幕的制作方法。

扫描二维码 获取文件资源	素材文件	素材\第10章\白色袋鼠.VSP
	效果文件	效果\第10章\白色袋鼠.VSP
	视频文件	视频\第10章\10.3.6　制作3D字幕.mp4

🔍 **实战精通165——白色袋鼠** ▶

🔍**步骤 01** 进入会声会影编辑器，打开一个项目文件，如图10-79所示。

🔍**步骤 02** 切换至"标题"素材库，单击"画廊"下拉按钮，在弹出的下拉列表中选择"3D标题"选项，如图10-80所示。

图10-79　打开项目文件

图10-80　选择"3D标题"选项

🔍**步骤 03** 进入"3D标题"素材库，在其中选择3D Title 10标题模板，如图10-81所示。

🔍**步骤 04** 按住鼠标左键将标题模板拖曳至标题轨中，双击3D标题字幕文件，如图10-82所示。

图10-81　选择3D Title 10标题模板

图10-82　双击3D标题字幕文件

🔍**步骤 05** 稍等片刻，即可进入"3D标题编辑器"对话框，如图10-83所示。

🔍**步骤 06** 在"文本设置"文本框中，更改文本层内容为"白色袋鼠"，如图10-84所示。

🔍**步骤 07** 在导览面板中的字幕上按住鼠标左键，拖曳调整3D标题的位置，如图10-85所示。

图10-83　进入"3D标题编辑器"对话框

图10-84　更改文本层内容

图10-85　调整3D标题的位置

> **专家指点**
>
> 在会声会影"3D标题编辑器"对话框中,展开"文本对象"选项面板,在其中除了可以更换文本层内容外,用户还可以设置字幕文件的字体、大小、对齐方式、间距等属性。

步骤 08 执行操作后,单击"确认"按钮,返回会声会影编辑器,在导览面板中,可以查看制作的3D标题字幕效果,如图10-86所示。

图10-86 预览制作的3D标题字幕效果

10.4 制作字幕动态特效

在影片中创建标题后,会声会影2019还可以为标题添加动画效果,用户可套用几十种生动活泼、动感十足的标题动画。本节主要介绍制作多种字幕动态特效的操作方法。

10.4.1 ‖制作水面波纹文字特效 ★进阶★

在会声会影2019中,可以为字幕文件添加"波纹"滤镜,制作水面波纹文字效果。下面介绍制作水面波纹文字特效的操作方法。

扫描二维码 获取文件资源	素材文件	素材\第10章\冰水特效.VSP
	效果文件	效果\第10章\冰水特效.VSP
	视频文件	视频\第10章\10.4.1 制作水面波纹文字特效.mp4

🔍 **实战精通166——冰水特效**

步骤 01 进入会声会影编辑器,打开一个项目文件,如图10-87所示。

步骤 02 在"滤镜"素材库中,单击窗口上方的"画廊"按钮,在弹出的列表框中选择"二维映射"选项,打开"二维映射"素材库,选择"波纹"滤镜,按住鼠标左键并拖曳至标题轨中的字幕文件上方,添加"波纹"滤镜,如图10-88所示。

图10-87　打开项目文件

图10-88　添加"波纹"滤镜

步骤 03 单击导览面板中的"播放"按钮，即可在预览窗口中预览制作的水纹波动文字效果，如图10-89所示。

图10-89　预览制作的水纹波动文字效果

专家指点

在会声会影2019中，还可以应用"涟漪""水流"等滤镜来制作水纹波动的文字效果，用户可以根据需要添加。

10.4.2 ▎制作字幕定格动画特效

在会声会影2019中，用户可以利用"自定义动画属性"来制作字幕定格动画特效。下面介绍制作字幕定格动画特效的操作方法。

扫描二维码 获取文件资源	素材文件	素材\第10章\闲暇时光.VSP
	效果文件	效果\第10章\闲暇时光.VSP
	视频文件	视频\第10章\10.4.2　制作字幕定格动画特效.mp4

实战精通167——闲暇时光

步骤 01 进入会声会影编辑器，打开一个项目文件，在预览窗口中，可以预览项目效果，如图10-90所示。

步骤 02 双击字幕文件，在"属性"选项面板中选中"动画"单选按钮和"应用"复选框，单击"类型"右侧的下拉按钮，在弹出的列表框中选择"飞行"选项，如图10-91所示。

图10-90　预览项目效果

图10-91　选择"飞行"选项

🔍**步骤 03** 单击"自定义动画属性"按钮,弹出"飞行动画"对话框,设置"暂停"为"自定义","进入"为从左下方进入↗,如图10-92所示。

🔍**步骤 04** 单击"确定"按钮,在导览面板中更改暂停区间,如图10-93所示。

图10-92　设置"进入"为从左下方进入

图10-93　更改暂停区间

🔍**步骤 05** 单击导览面板中的"播放"按钮,即可在预览窗口中预览制作的定格字幕动画特效,如图10-94所示。

图10-94　预览制作的定格字幕动画特效

◀ 10.4.3 ‖制作字幕扭曲变形特效 ▶

在会声会影2019中,用户可以为字幕文件添加"往内挤压"滤镜,从而使字幕文件获得变形动画效果。下面介绍制作字幕扭曲变形特效的操作方法。

扫描二维码 获取文件资源	素材文件	素材\第10章\恬静村庄.VSP
	效果文件	效果\第10章\恬静村庄.VSP
	视频文件	视频\第10章\10.4.3　制作字幕扭曲变形特效.mp4

实战精通168——恬静村庄

步骤 01 进入会声会影编辑器，打开一个项目文件，如图10-95所示。

步骤 02 切换至滤镜素材库，单击窗口上方的"画廊"按钮，在弹出的列表框中选择"三维纹理映射"选项，在其中选择"往内挤压"视频滤镜，按住鼠标左键并拖曳至标题轨中的字幕文件上方，如图10-96所示，释放鼠标左键即可添加视频滤镜效果。

图10-95　打开项目文件

图10-96　拖曳至标题轨

步骤 03 执行上述操作后，即可在导览面板中单击"播放"按钮，预览制作的文字变形动画效果，如图10-97所示。

图10-97　预览制作字幕的扭曲变形特效

10.4.4 ‖ 制作电视滚屏字幕特效　★进阶★

在影视画面中，当一部影片播放完毕后，通常在结尾的时候会播放这部影片的演员、制片人、导演等信息。下面向读者介绍制作电视滚屏字幕特效的方法。

扫描二维码 获取文件资源	素材文件	素材\第10章\电视落幕.jpg
	效果文件	效果\第10章\电视落幕.VSP
	视频文件	视频\第10章\10.4.4　制作电视滚屏字幕特效.mp4

实战精通169——电视落幕

步骤 01 进入会声会影编辑器,在视频轨中插入一幅素材图像,如图10-98所示。

步骤 02 打开"字幕"素材库,在其中选择需要的字幕预设模板,如图10-99所示。

图10-98 插入素材图像

图10-99 选择需要的字幕预设模板

步骤 03 将模板拖曳至标题轨中的开始位置,并调整字幕的区间长度,如图10-100所示。

步骤 04 在预览窗口中,更改字幕模板的内容为职员表等信息,如图10-101所示。

图10-100 调整字幕的区间长度

图10-101 更改字幕模板的内容

步骤 05 在导览面板中单击"播放"按钮,即可在预览窗口中预览电视落幕字幕滚屏效果,如图10-102所示。

图10-102 预览电视落幕字幕滚屏效果

◀ 10.4.5 制作字幕弹跳运动特效 ▶

在会声会影2019中,弹出效果是指可以使文字产生由画面上的某个分界线弹出显示的动画效果。下面介绍制作字幕弹跳运动特效的操作方法。

扫描二维码 获取文件资源	素材文件	素材\第10章\小镇风光.VSP
	效果文件	效果\第10章\小镇风光.VSP
	视频文件	视频\第10章\10.4.5 制作字幕弹跳运动特效.mp4

实战精通170——小镇风光

步骤 01 进入会声会影编辑器，打开一个项目文件，如图10-103所示。

步骤 02 展开"属性"选项面板，选中"动画"单选按钮和"应用"复选框，设置"选取动画类型"为"弹出"，然后选择相应的弹出样式，如图10-104所示。

图10-103　打开项目文件

图10-104　选择弹出样式

步骤 03 在导览面板中单击"播放"按钮，预览字幕弹跳运动特效，如图10-105所示。

图10-105　预览字幕弹跳运动特效

在会声会影2019中，当用户为字幕添加弹出动画特效后，在"属性"选项面板中单击"自定义动画属性"按钮，将弹出"弹出动画"对话框，在"方向"选项区中可以选择字幕弹出的方向，在"单位"和"暂停"列表框中，用户还可以设置字幕的单位属性和暂停时间等，不同的暂停时间字幕效果会有所区别。

10.4.6 ‖ 制作MV视频字幕特效　★进阶★

　　现在很多人会将自己唱歌的视频录制下来，制作成短视频上传至抖音APP上，用户可以在会声会影2019中为视频添加MV视频字幕特效。下面介绍具体的操作方法。

扫描二维码 获取文件资源	素材文件	素材\第10章\不说再见.VSP
	效果文件	效果\第10章\不说再见.VSP
	视频文件	视频\第10章\10.4.6　制作MV视频字幕特效.mp4

 实战精通171——不说再见

步骤 01 进入会声会影编辑器，打开一个项目文件，如图10-106所示。

步骤 02 打开"轨道管理器"对话框，在其中设置"标题轨"数量为2，设置完成后单击"确定"按钮，如图10-107所示。

图10-106 打开项目文件

图10-107 单击"确定"按钮

🔍**步骤 03** 在标题轨1中添加歌词字幕文件,复制字幕文件到标题轨2中,如图10-108所示。

🔍**步骤 04** 选择标题轨2中的字幕文件,在"编辑"选项面板中设置颜色为红色,在"属性"选项面板中,选中"动画"单选按钮和"应用"复选框,设置"选取动画类型"为"淡化",在下方选择相应的预设样式,如图10-109所示。

图10-108 复制添加的字幕文件

图10-109 选择相应的预设样式

🔍**步骤 05** 执行上述操作后,单击导览面板中的"播放"按钮,即可预览制作的MV特效,如图10-110所示。

图10-110 预览制作的MV特效

◀ | 10.4.7 ‖ 制作3D标题动态特效 ★进阶★ ▶

在会声会影2019中,打开"3D标题编辑器"对话框后,通过添加关键帧,可以制作3D标题动态特效。下面介绍制作3D标题动态特效的操作方法。

扫描二维码 获取文件资源	素材文件	素材\第10章\郎情妾意.VSP
	效果文件	效果\第10章\郎情妾意.VSP
	视频文件	视频\第10章\10.4.7 制作3D标题动态特效.mp4

实战精通172——郎情妾意

步骤 01 进入会声会影编辑器，打开一个项目文件，如图10-111所示。

步骤 02 在工具栏中，单击"3D标题编辑器"按钮，如图10-112所示。

图10-111 打开项目文件

图10-112 单击"3D标题编辑器"按钮

步骤 03 进入"3D标题编辑器"对话框，在"文本设置"文本框中，更改文本层内容为"郎情妾意"，如图10-113所示。

图10-113 更改文本层内容

步骤 04 在下方单击"所选文本斜体化"按钮，如图10-114所示。

图10-114 单击"所选文本斜体化"按钮

🔍**步骤 05** 在导览面板下方，设置"位置"X的参数值为-6000、Y的参数值为3000、Z的参数值为8000，如图10-115所示。

图10-115　设置"位置"参数

🔍**步骤 06** 在关键帧面板中，选择"方向"选项行，设置"方向"X的参数值为180、Y的参数值为180、Z的参数值为0，如图10-116所示。

图10-116　设置"方向"参数

🔍**步骤 07** 调整时间线至合适位置，单击"位置"和"方向"右侧的"添加关键帧"按钮，如图10-117所示，添加关键帧。

图10-117　单击"添加关键帧"按钮

步骤 08 选中添加的关键帧，分别设置"位置"和"方向"X的参数值为0、Y的参数值为0、Z的参数值为0，如图10-118所示。

图10-118　设置关键帧参数

步骤 09 执行上述操作后，单击"确认"按钮，返回会声会影2019编辑器面板，在预览窗口中，单击"播放"按钮，即可预览制作的3D标题动态特效，如图10-119所示。

图10-119　预览制作的3D标题动态特效

10.4.8 制作抖音字幕淡出特效 ★进阶★

在会声会影2019"标题"素材库中，有很多的标题字幕模板，用户可以在其中选择一个字幕淡入淡出的标题模板应用，修改字幕内容后，就可以快速制作出抖音字幕淡出短视频了。下面介绍具体的操作方法。

扫描二维码 获取文件资源	素材文件	无
	效果文件	效果\第10章\简单生活.VSP
	视频文件	视频\第10章\10.4.8　制作抖音字幕淡出特效.mp4

实战精通173——简单生活

步骤 01 进入会声会影编辑器，在导览面板中设置预览模式为手机模式，如图10-120所示。

步骤 02 在"标题"素材库中，选择相应模板，如图10-121所示。

图10-120　设置预览模式为手机模式

图10-121　选择相应模板

步骤 03 按住鼠标左键将其拖曳至标题轨中,在预览窗口中,修改文本内容并调整位置,如图10-122所示。

步骤 04 在"编辑"选项面板中,设置字幕属性,如图10-123所示。

图10-122　修改文本内容

图10-123　设置字幕属性

步骤 05 在标题轨中选择字幕文件,单击鼠标右键,在弹出的快捷菜单中选择"复制"命令,如图10-124所示。

步骤 06 粘贴至右侧的合适位置,并修改字幕内容,最终效果如图10-125所示。

图10-124　选择"复制"命令

图10-125　粘贴的标题字幕

步骤 07 执行上述操作后,单击"播放"按钮,预览制作的抖音字幕淡出特效视频效果,如图10-126所示。

图10-126　预览制作的抖音字幕淡出特效

10.4.9 ‖ 制作抖音缩放旋转字幕　　★进阶★

　　抖音短视频中有一个很热门的字幕缩放旋转的文字短视频，在会声会影2019中就可以制作。下面介绍制作抖音缩放旋转字幕的操作方法。

扫描二维码 获取文件资源	素材文件	素材\第10章\字幕制作.VSP
	效果文件	效果\第10章\字幕制作.VSP
	视频文件	视频\第10章\10.4.9　制作抖音缩放旋转字幕.mp4

实战精通174——字幕制作

步骤 01 进入会声会影编辑器，打开一个项目文件，如图10-127所示。

步骤 02 选择视频轨中的字幕文件，在菜单栏中选择"编辑"|"自定义动作"命令，如图10-128所示。

图10-127　打开项目文件

图10-128　选择"自定义动作"命令

步骤 03 弹出"自定义动作"对话框，将时间线移至0:00:00:020的位置，添加第1个关键帧，并设置参数与开始关键帧相同，如图10-129所示。

步骤 04 将时间线移至0:00:01:000的位置，添加第2个关键帧，在"位置"选项区中设置X为-50、Y为35；在"大小"选项区中设置X和Y均为30，如图10-130所示，然后将时间线移至0:00:01:010的位置，添加第3个关键帧，并设置参数与第2个关键帧相同。

图10-129　设置第1个关键帧参数(1)

图10-130　设置第2个关键帧参数(1)

🔍 **步骤 05** 将时间线移至0:00:01:024的位置，添加第4个关键帧，在"位置"选项区中设置X为-75、Y为50；在"大小"选项区中设置X和Y均为25，在"旋转"选项区中设置X和Y为0、Z为90，如图10-131所示，然后选中结束关键帧，并设置参数与第4个关键帧相同。

🔍 **步骤 06** 执行上述操作后，单击"确定"按钮，返回会声会影编辑面板，选择第1条覆叠轨中的字幕文件，打开"自定义动作"对话框，将时间线移至0:00:00:005的位置，添加第1个关键帧，并设置参数与起始关键帧相同，如图10-132所示。

图10-131　设置第4个关键帧参数

图10-132　设置第1个关键帧参数(2)

🔍 **步骤 07** 将时间线移至0:00:01:000的位置，添加第2个关键帧，在"位置"选项区中设置X为-50、Y为65；在"大小"选项区中设置X和Y均为55，在"旋转"选项区中设置X和Y为0、Z为90，如图10-133所示，然后选中结束关键帧，并设置参数与第2个关键帧相同。

🔍 **步骤 08** 执行上述操作后，单击"确定"按钮，返回会声会影编辑面板，选择第2条覆叠轨中的字幕文件，打开"自定义动作"对话框，将时间线移至0:00:00:010的位置，添加第1个关键帧，并设置参数与起始关键帧相同，如图10-134所示。

🔍 **步骤 09** 将时间线移至0:00:01:000的位置，添加第2个关键帧，在"位置"选项区中设置X为6、Y为42；在"大小"选项区中设置X和Y均为30，如图10-135所示，然后选中结束关键帧，并设置参数与第2个关键帧相同。

🔍 **步骤 10** 执行上述操作后，单击"确定"按钮，返回会声会影编辑面板，选择第1条标题轨中的字幕文件，打开"自定义动作"对话框，将时间线移至0:00:00:010的位置，添加第1个关键帧，并设置参数与起始关键帧相同，如图10-136所示。

图10-133　设置第2个关键帧参数(2)

图10-134　设置第1个关键帧参数(3)

图10-135　设置第2个关键帧参数(3)

图10-136　设置第1个关键帧参数(4)

步骤 11　将时间线移至0:00:01:000的位置，添加第2个关键帧，在"位置"选项区中设置X为3、Y为20；在"大小"选项区中设置X和Y均为100，如图10-137所示，然后选中结束关键帧，并设置参数与第2个关键帧相同。

步骤 12　执行上述操作后，单击"确定"按钮，返回会声会影编辑面板，选择第2条标题轨中的字幕文件，打开"自定义动作"对话框，选择开始关键帧，在"位置"选项区中设置X和Y均为-60；在"大小"选项区中设置X和Y均为86；在"旋转"选项区中设置X和Y均为0、Z为-90，如图10-138所示。

图10-137　设置第2个关键帧参数(4)

图10-138　设置第1个关键帧参数(5)

步骤 13　将时间线移至0:00:00:010的位置，添加第2个关键帧，在"位置"选项区中设置X为

1、Y为-8；在"大小"选项区中设置X和Y均为86；在"旋转"选项区中设置X、Y和Z均为0，如图10-139所示，然后选中结束关键帧，并设置参数与第2个关键帧相同。

步骤 14 执行上述操作后，单击"确定"按钮，返回会声会影编辑面板，在时间轴中可以看到所有字幕文件的左上角都显示了一个动作图标，如图10-140所示。

图10-139 设置第2个关键帧参数(5)　　　　　图10-140 显示动作图标

步骤 15 单击"播放"按钮，预览制作的抖音缩放旋转字幕效果，如图10-141所示。

图10-141 预览制作的抖音缩放旋转字幕效果

专家指点

这里用户需要注意以下两点。

第一点是字幕文件的文字属性，用户可根据需要设置，设置完成后，尽量不要在设置好自定义动作后再进行更改，否则会更改字幕属性效果。

第二点是在会声会影时间轴中，标题轨最多只能增添至两条，当用户需要用到更多的字幕文件，而标题轨不够用时，用户可以将标题轨中的字幕文件移动至视频轨和覆叠轨中。

10.4.10 制作抖音字幕快闪特效 ★进阶★

在抖音文字短视频中，有一个快闪特效的字幕文件，很受大众的喜欢，有点类似于卡点视频。下面介绍在会声会影中制作抖音字幕快闪特效的操作方法。

扫描二维码 获取文件资源	素材文件	素材\第10章\快闪字幕.VSP
	效果文件	效果\第10章\快闪字幕.VSP
	视频文件	视频\第10章\10.4.10　制作抖音字幕快闪特效.mp4

实战精通175——快闪字幕

🔍**步骤 01** 进入会声会影编辑器，打开一个项目文件，时间轴如图10-142所示。

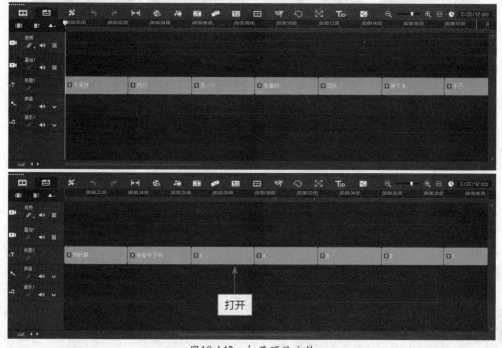

图10-142　打开项目文件

🔍**步骤 02** 调整前面8个字幕文件的区间为0:00:010，后面6个字幕文件的区间为0:00:015，时间轴如图10-143所示。

图10-143　调整字幕区间

🔍**步骤 03** 单击"播放"按钮，查看制作的抖音字幕快闪特效，如图10-144所示。

图10-144　查看抖音字幕快闪特效

用户在制作快闪字幕时，首先可以在记事本中将需要呈现给观众看的文字编辑好，然后，在会声会影中分段编辑字幕内容，添加字幕文件，并设置其字幕属性，在预览窗口中，调整好字幕的显示位置，当字幕文件制作完成后，用户可以为其添加一段音频素材，这样在播放观看的时候，可以使画面更具节奏感。

◀ 10.4.11 ‖制作抖音LOGO字幕　★进阶★ ▶

相信大家对抖音的LOGO都非常熟悉了，应用"微风"滤镜，可以制作画面雪花闪烁的效果。下面向读者介绍制作抖音LOGO字幕的操作方法。

扫描二维码获取文件资源	素材文件	无
	效果文件	效果\第10章\抖音字幕.VSP
	视频文件	视频\第10章\10.4.11　制作抖音LOGO字幕.mp4

🔍 实战精通176——抖音字幕 ▶

🔍**步骤 01** 进入会声会影编辑器，设置屏幕尺寸为手机竖屏模式，然后切换至"标题"素材库，如图10-145所示。

🔍**步骤 02** 在预览窗口中，输入文字"抖音"，并调整字幕位置，如图10-146所示。

图10-145　切换至"标题"素材库

图10-146　输入文字"抖音"

步骤 03 复制标题轨中的字幕文件，分别粘贴至视频轨和覆叠轨中，如图10-147所示。

步骤 04 选择视频轨中的字幕文件，在"编辑"选项面板中单击"颜色"色块，在弹出的色彩面板中，选择第2行第1个色彩样式，如图10-148所示。

图10-147　粘贴字幕文件

图10-148　选择相应的色彩样式

步骤 05 在预览窗口中，调整字幕位置，如图10-149所示。

步骤 06 执行操作后，选择覆叠轨中的字幕文件，在"编辑"选项面板中，单击"颜色"色块，在弹出的色彩面板中，选择第3行倒数第2个色彩样式，如图10-150所示。

图10-149　调整字幕位置

图10-150　选择相应的色彩样式

步骤 07 在预览窗口中，调整覆叠轨字幕位置，如图10-151所示。

步骤 08 执行操作后，选择标题轨中的字幕文件，使用同样的方法，在预览窗口中调整标题轨字幕位置，如图10-152所示。

图10-151 调整覆叠轨字幕位置　　　　　　图10-152 调整标题轨字幕位置

步骤 09 切换至"滤镜"|"特殊"素材库，在其中选择"微风"滤镜，如图10-153所示。

步骤 10 单击鼠标左键，将其拖曳添加至视频轨中的字幕文件上，添加"微风"滤镜，如图10-154所示。

图10-153 选择"微风"滤镜　　　　　　图10-154 添加"微风"滤镜

步骤 11 单击"播放"按钮，预览制作的抖音LOGO字幕效果，如图10-155所示。

图10-155 预览抖音LOGO字幕效果

后期处理篇

第11章

制作视频音乐特效

学习提示

　　影视作品是一门声画艺术，音频在影片中是不可或缺的元素。音频也是一部影片的灵魂，在后期制作中，音频的处理相当重要，如果声音运用恰到好处，往往给观众带来耳目一新的感觉。本章主要介绍制作视频背景音乐特效的各种操作方法。

🗑 CLEAR　　⬆ SUBMIT

本章重点导航

- 实战精通177——春雨过后
- 实战精通178——携手幸福
- 实战精通179——小小花苞
- 实战精通180——落日晚霞
- 实战精通181——蜿蜒道路
- 实战精通182——微距摄影
- 实战精通183——遥望远方

- 实战精通184——大理古城
- 实战精通185——红色果实
- 实战精通186——最美时光
- 实战精通187——胡杨美景
- 实战精通188——沙漠风景
- 实战精通189——字母音乐
- 实战精通190——丰收喜悦

🗑 CLEAR　　⬆ SUBMIT

11.1 添加音频素材的方法

　　会声会影2019提供了多种向影片中加入背景音乐和声音的方法，用户可以将自己的音频文件添加到素材库扩充，以便以后能够快速调用。本节主要介绍3种添加音频素材的技巧。

◀ 11.1.1 ‖ 从素材库中添加现有的音频 ▶

　　添加素材库中的音频是最常用的添加音频素材的方法，会声会影2019提供了多种不同类型的音频素材，用户可以根据需要从素材库中选择所需的音频素材，下面介绍操作方法。

扫描二维码 获取文件资源	素材文件	素材\第11章\春雨过后.jpg
	效果文件	效果\第11章\春雨过后.VSP
	视频文件	视频\第11章\11.1.1　从素材库中添加现有的音频.mp4

🔍 **实战精通177——春雨过后**

🔍 **步骤 01** 进入会声会影编辑器，在视频轨中插入一幅素材图像，如图11-1所示。

🔍 **步骤 02** 在预览窗口中可以预览插入的素材图像效果，如图11-2所示。

图11-1　插入素材图像

图11-2　预览素材图像效果

🔍 **步骤 03** 在"媒体"素材库中单击"显示音频文件"按钮，显示素材库中的音频素材，选择SP-S02音频素材，如图11-3所示。

🔍 **步骤 04** 按住鼠标左键并拖曳至声音轨中的适当位置，添加音频素材，如图11-4所示，单击"播放"按钮，试听音频效果。

图11-3　选择音频素材

图11-4　添加音频素材

在会声会影2019的"媒体"素材库中,显示素材库中的音频素材后,可以单击
"导入媒体文件"按钮,在弹出的"浏览媒体文件"对话框中选择需要的音频
文件,单击"打开"按钮,即可将需要的音频素材添加至"媒体"素材库中。

11.1.2 从硬盘文件夹中添加音频

在会声会影2019中,可以将硬盘中的音频文件直接添加至当前的声音轨或音乐轨中。下面
介绍从硬盘文件夹中添加音频的操作方法。

扫描二维码获取文件资源	素材文件	素材\第11章\携手幸福.VSP、携手幸福.mp3
	效果文件	效果\第11章\携手幸福.VSP
	视频文件	视频\第11章\11.1.2 从硬盘文件夹中添加音频.mp4

实战精通178——携手幸福

步骤 01 进入会声会影编辑器,打开一个项目文件,如图11-5所示。
步骤 02 在预览窗口中预览打开的项目效果,如图11-6所示。

图11-5 打开项目文件

图11-6 预览项目效果

步骤 03 在时间轴面板中,将鼠标指针移至空白位置,如图11-7所示,单击鼠标右键。
步骤 04 在弹出的快捷菜单中选择"插入音频"|"到声音轨"命令,如图11-8所示。

图11-7 移动鼠标指针

图11-8 选择"到声音轨"命令

在会声会影2019中，还可以将硬盘中的音频文件添加至时间轴面板的"音乐轨#1"中。

步骤 05 弹出相应对话框，选择需要的音频文件，如图11-9所示，单击"打开"按钮。

步骤 06 即可从硬盘文件夹中将音频文件添加至声音轨中，如图11-10所示。

图11-9　选择音频文件

图11-10　添加至声音轨

11.1.3 ‖添加自动音乐

自动音乐是会声会影2019自带的一个音频素材库，同一个音乐有许多变化的风格供用户选择，从而使素材更加丰富。下面介绍添加自动音乐的操作方法。

扫描二维码 获取文件资源	素材文件	素材\第11章\小小花苞.VSP
	效果文件	效果\第11章\小小花苞.VSP
	视频文件	视频\第11章\11.1.3　添加自动音乐.mp4

实战精通179——小小花苞

步骤 01 进入会声会影编辑器，打开一个项目文件，如图11-11所示。

步骤 02 单击时间轴面板上方的"自动音乐"按钮，如图11-12所示。

图11-11　打开项目文件

图11-12　单击"自动音乐"按钮

步骤 03 打开"自动音乐"选项面板，在"类别"下方选择第1个选项，如图11-13所示。

步骤 04 在"歌曲"下方选择第2个选项，在"版本"下方选择第3个选项，如图11-14所示。

图11-13　选择类别选项

图11-14　选择音乐选项

步骤 05 在面板中单击"播放选定歌曲"按钮,开始播放音乐,播放至合适位置后,单击 "停止"按钮,如图11-15所示。

步骤 06 执行上述操作后,单击"添加到时间轴"按钮,即可在音乐轨中添加自动音乐,如 图11-16所示。

图11-15　单击"停止"按钮

图11-16　添加自动音乐

在时间轴面板的声音轨中添加音频文件后,如果不再需要,可以将其删除。
会声会影2019除了支持MPA格式的音频文件外,还支持WMA、WAV以及MP3
等格式的音频文件。

11.2 修整音频素材的方法

在会声会影2019中,将声音或背景音乐添加到音乐轨或声音轨中后,可以根据实际需要修整音频素材。本节主要介绍两种修整音频素材的技巧。

◀ 11.2.1 ‖区间修整音频 ▶

在会声会影2019中,使用区间修整音频可以精确控制声音或音乐的播放时间。下面介绍区间修整音频的操作方法。

扫描二维码 获取文件资源	素材文件	素材\第11章\落日晚霞.VSP
	效果文件	效果\第11章\落日晚霞.VSP
	视频文件	视频\第11章\11.2.1　区间修整音频.mp4

实战精通180——落日晚霞

步骤 01 进入会声会影编辑器，打开一个项目文件，如图11-17所示。

步骤 02 在预览窗口中可以预览打开的项目效果，如图11-18所示。

图11-17　打开项目文件

图11-18　预览项目效果

在时间轴面板的音乐素材上单击鼠标右键，在弹出的快捷菜单中选择"速度/时间流逝"命令，然后在弹出的对话框中也可以调整素材的区间长度。

步骤 03 选择声音轨中的音频素材，在"音乐和声音"选项面板中设置"区间"为0:00:03:000，如图11-19所示。

步骤 04 执行上述操作后，即可使用区间修整音频，在时间轴面板中可以查看修整后的效果，如图11-20所示。

图11-19　设置区间长度

图11-20　使用区间修整音频

11.2.2 ▌缩略图修整音频

　　在会声会影2019中，使用缩略图修整音频素材是比较快捷和直观的修整方式，但它的缺点是不容易精确地控制修整的位置。下面介绍缩略图修整音频的操作方法。

扫描二维码 获取文件资源	素材文件	素材\第11章\蜻蜓道路.VSP
	效果文件	效果\第11章\蜻蜓道路.VSP
	视频文件	视频\第11章\11.2.2　缩略图修整音频.mp4

实战精通181——蜿蜒道路

步骤 01 进入会声会影编辑器，打开一个项目文件，如图11-21所示。

步骤 02 在声音轨中选择需要进行修整的音频素材，将鼠标指针移至右侧的黄色标记上，如图11-22所示。

图11-21 打开项目文件

图11-22 移至黄色标记上

步骤 03 按住鼠标左键，并向右拖曳，如图11-23所示。

步骤 04 拖曳至合适位置后，释放鼠标左键，即可使用缩略图修整音频，效果如图11-24所示。

图11-23 向右拖曳

图11-24 修整音频效果

11.3 调节素材音量的技巧

在会声会影2019中，添加完音频素材后，用户可以根据需要对音频素材的音量进行调节。本节主要介绍3种调节音量的操作方法。

11.3.1 调节整段音频音量

在会声会影2019中，调节整段素材音量时，可分别选择时间轴中的各个轨，然后在选项面板中对相应的音量控制选项进行调节。下面介绍调节整段音频音量的操作方法。

扫描二维码 获取文件资源	素材文件	素材\第11章\微距摄影.VSP
	效果文件	效果\第11章\微距摄影.VSP
	视频文件	视频\第11章\11.3.1 调节整段音频音量.mp4

实战精通182——微距摄影

步骤 01 进入会声会影编辑器，打开一个项目文件，在预览窗口中预览打开的项目效果，如图11-25所示。

步骤 02 在时间轴面板中选择声音轨中的音频文件，展开"音乐和声音"选项面板，单击"素材音量"右侧的下拉按钮，在弹出的面板中拖曳滑块至287的位置，如图11-26所示，即可调整素材音量，单击"播放"按钮，试听音频效果。

图11-25　预览项目效果

图11-26　拖曳滑块至287的位置

> **专家指导**
>
> 在会声会影2019中，音量素材本身的音量大小为100，如果用户需要还原素材本身的音量大小，只要在"素材音量"数值框中输入100，即可还原素材音量。
>
> 设置素材音量时，当用户设置为100以上的音量时，表示将整段音频音量放大；当用户设置为100以下的音量时，表示将整段音频音量调小。

11.3.2 ‖音量调节线调节音量

在会声会影2019中，不仅可以通过选项面板调整音频的音量，还可以通过调节线调整音量。下面介绍使用音量调节线调节音量的操作方法。

扫描二维码 获取文件资源	素材文件	素材\第11章\遥望远方.VSP
	效果文件	效果\第11章\遥望远方.VSP
	视频文件	视频\第11章\11.3.2　音量调节线调节音量.mp4

实战精通183——遥望远方

步骤 01 进入会声会影编辑器，打开一个项目文件，如图11-27所示。

步骤 02 在声音轨中选择音频文件，单击"混音器"按钮，如图11-28所示。

步骤 03 切换至混音器视图，将鼠标指针移至音频文件中间的音量调节线上，此时鼠标指针呈向上箭头形状，如图11-29所示。

步骤 04 按住鼠标左键并向上拖曳至合适位置后，释放鼠标左键，添加关键帧点，如图11-30所示。

图11-27　打开项目文件

图11-28　单击"混音器"按钮

图11-29　呈向上箭头形状

图11-30　添加关键帧点

步骤 05　将鼠标指针移至另一个位置，按住鼠标左键并向下拖曳，添加第二个关键帧点，如图11-31所示。

步骤 06　使用同样的方法，添加另外2个关键帧点，如图11-32所示，即可使用音量调节线调节音量。

图11-31　添加第二个关键帧点

图11-32　添加其他关键帧点

专家指点

在会声会影2019中，音量调节线是轨道中央的水平线条，仅在混音器视图中可以看到，在这条线上可以添加关键帧，关键帧点的高低决定着该处音频的音量大小。

11.3.3 调整音频回放速度

在会声会影2019中，用户可以设置音乐的速度和时间流逝，使它能够与影片更好地相配合。下面介绍调整音频回放速度的操作方法。

扫描二维码 获取文件资源	素材文件	素材\第11章\大理古城.VSP
	效果文件	效果\第11章\大理古城.VSP
	视频文件	视频\第11章\11.3.3　调整音频回放速度.mp4

实战精通184——大理古城

🔍 **步骤 01** 进入会声会影编辑器，打开一个项目文件，如图11-33所示。

🔍 **步骤 02** 在声音轨中选择音频文件，在"音乐和声音"选项面板中单击"速度/时间流逝"按钮，如图11-34所示。

图11-33　打开项目文件

图11-34　单击"速度/时间流逝"按钮

🔍 **步骤 03** 弹出"速度/时间流逝"对话框，在其中设置"新素材区间"为0:0:4:0，如图11-35所示。

🔍 **步骤 04** 单击"确定"按钮，即可调整音频的回放速度，如图11-36所示。

图11-35　设置参数值

图11-36　调整音频的回放速度

专家指点

在"速度/时间流逝"对话框中，还可以手动拖曳"速度"下方的滑块至合适位置，释放鼠标左键，也可以调整音频素材的速度/时间流逝。

11.4 掌握混音器的调音技巧

在会声会影2019中，混音器可以动态调整音量调节线，它允许在播放影片项目的同时，实时调整某个轨道素材任意一点的音量。如果用户的乐感很好，借助混音器可以像专业混音师一样混合影片的精彩音响效果。本节主要介绍5种使用混音器的技巧。

11.4.1 选择要调节的音轨

在会声会影2019中使用混音器调节音量前，首先需要选择要调节音量的音轨。下面介绍选择要调节的音轨的操作方法。

扫描二维码 获取文件资源	素材文件	素材\第11章\红色果实.VSP
	效果文件	效果\第11章\红色果实.VSP
	视频文件	视频\第11章\11.4.1　选择要调节的音轨.mp4

 实战精通185——红色果实

步骤 01 进入会声会影编辑器，打开一个项目文件，在预览窗口中可以预览打开的项目效果，如图11-37所示。

步骤 02 单击时间轴面板上方的"混音器"按钮，切换至混音器视图，在"环绕混音"选项面板中单击"语音轨"按钮，即可选择要调节的音频轨道，如图11-38所示。

图11-37　预览项目效果

图11-38　单击"语音轨"按钮

11.4.2 播放并实时调节音量

在会声会影2019的混音器视图中，播放音频文件时，用户可以对某个轨道上的音频进行音量的调整。下面介绍播放并实时调节音量的操作方法。

扫描二维码 获取文件资源	素材文件	素材\第11章\最美时光.VSP
	效果文件	效果\第11章\最美时光.VSP
	视频文件	视频\第11章\11.4.2　播放并实时调节音量.mp4

实战精通186——最美时光

步骤 01 进入会声会影编辑器，打开一个项目文件，如图11-39所示。

步骤 02 在预览窗口中可以预览打开的项目效果，如图11-40所示。

图11-39　打开项目文件　　　　　　　　　　　图11-40　预览项目效果

步骤 03 选择声音轨中的音频文件，切换至混音器视图，单击"环绕混音"选项面板中的"播放"按钮，如图11-41所示。

步骤 04 开始试听所选择轨道的音频效果，并且在混音器中可以看到音量起伏的变化，如图11-42所示。

图11-41　单击"播放"按钮　　　　　　　　　图11-42　查看音量起伏的变化

步骤 05 单击"环绕混音"选项面板中的"音量"按钮，并上下拖曳鼠标，如图11-43所示。

步骤 06 执行上述操作后，即可播放并实时调节音量，在声音轨中可以查看音频调节效果，如图11-44所示。

图11-43　上下拖曳鼠标　　　　　　　　　　图11-44　查看音频调节效果

专家指点

混音器是一种"动态"调整音量调节线的方式，它允许在播放影片项目的同时，实时调整音乐轨道素材任意一点的音量。

◀ 11.4.3 ‖将音量调节线恢复原始状态 ▶

在会声会影2019中，使用混音器调节音乐轨道素材的音量后，如果用户不满意其效果，可以将其恢复至原始状态。下面介绍将音量调节线恢复原始状态的操作方法。

扫描二维码 获取文件资源	素材文件	素材\第11章\胡杨美景.VSP
	效果文件	效果\第11章\胡杨美景.VSP
	视频文件	视频\第11章\11.4.3　将音量调节线恢复原始状态.mp4

🔍 **实战精通187——胡杨美景** ⏩

🔍**步骤** 01　进入会声会影编辑器，打开一个项目文件，如图11-45所示。

🔍**步骤** 02　切换至混音器视图，在声音轨中选择音频文件，单击鼠标右键，在弹出的快捷菜单中选择"重置音量"命令，如图11-46所示，即可将音量调节线恢复到原始状态。

图11-45　打开项目文件

图11-46　选择"重置音量"命令

专家指点

在声音轨的音频素材上，选择添加的关键帧，按住鼠标左键并向外拖曳，也可以快速删除关键帧音量，将音量调节线恢复到原始状态。

◀ 11.4.4 ▏调节左右声道大小 ▶

在会声会影2019中，用户还可以根据需要调整音频左右声道的大小，调整音量后播放试听会有所变化。下面介绍调节左右声道大小的操作方法。

扫描二维码 获取文件资源	素材文件	素材\第11章\沙漠风景.VSP
	效果文件	效果\第11章\沙漠风景.VSP
	视频文件	视频\第11章\11.4.4　调节左右声道大小.mp4

🔍 **实战精通188——沙漠风景** ⏩

🔍**步骤** 01　进入会声会影编辑器，打开一个项目文件，如图11-47所示。

🔍**步骤** 02　进入混音器视图，选择音频素材，在"环绕混音"选项面板中单击"播放"按钮，然后单击右侧窗口中的滑块并向右拖曳，如图11-48所示。

🔍**步骤** 03　执行上述操作后，即可调整右声道的音量大小，在时间轴面板中可查看调整后的效果，如图11-49所示。

图11-47 打开项目文件

图11-48 向右拖曳

步骤 04 在"环绕混音"选项面板中单击"播放"按钮，然后单击右侧窗口中的滑块并向左拖曳，如图11-50所示，即可调整左声道的音量大小。

图11-49 查看调整后的效果

图11-50 向左拖曳

专家指点

在会声会影2019的"环绕混音"选项面板中，调整完音频文件的右声道后，可以重置音频文件，再调整其左声道。

在立体声中，左声道和右声道能够分别播出相同或不同的声音，产生从左到右或从右到左的立体声音变化效果。在卡拉OK中，左声道和右声道分别是主音乐声道和主人声声道，关闭其中任何一个声道，你将听到以音乐为主或以人声为主的声音。

◀ 11.4.5 ‖设置轨道音频静音 ▶

在会声会影2019中进行视频编辑时，有时为了在混音时听清楚某个轨道素材的声音，可以将其他轨道的素材声音调为静音模式。下面介绍设置轨道音频静音的操作方法。

扫描二维码获取文件资源	素材文件	素材\第11章\字母音乐.VSP
	效果文件	效果\第11章\字母音乐.VSP
	视频文件	视频\第11章\11.4.5 设置轨道音频静音.mp4

🔍 **实战精通189——字母音乐** ▶

🔍 **步骤 01** 进入会声会影编辑器，打开一个项目文件，在预览窗口中，可以预览打开的项目效果，如图11-51所示。

🔍 **步骤 02** 在声音轨中选择音频文件，进入混音器视图，在"环绕混音"选项面板中，单击"语音轨"按钮左侧的声音图标，即可设置轨道静音，如图11-52所示。

专家指点

使某个轨道素材静音并不表示混音时不能调节它的音量调节线，如果该轨道图标处于选择状态，虽然该轨的声音听不见，但仍然可以通过混音器滑块调节它的音量。

图11-51　预览打开的项目效果

图11-52　单击声音图标

11.5 处理与制作音频特效

在会声会影2019中，可以将音频滤镜添加到声音或音乐轨的音频素材上，如淡入淡出、长回声、混响以及放大等。本节主要介绍5种音频特效的精彩应用。

◀ **11.5.1 ‖制作音频淡入与淡出特效** ▶

在会声会影2019中，使用淡入淡出的音频效果，可以避免音乐的突然出现和突然消失，使音乐能够有一种自然的过渡效果。下面介绍应用淡入淡出的操作方法。

扫描二维码 获取文件资源	素材文件	素材\第11章\丰收喜悦.VSP
	效果文件	效果\第11章\丰收喜悦.VSP
	视频文件	视频\第11章\11.5.1　制作音频淡入与淡出特效.mp4

🔍 **实战精通190——丰收喜悦** ▶

🔍 **步骤 01** 进入会声会影编辑器，打开一个项目文件，如图11-53所示。

🔍 **步骤 02** 在声音轨中选择音频文件，切换至混音器视图，如图11-54所示。

图11-53　打开项目文件

图11-54　切换至混音器视图

🔍步骤 03　切换至"属性"选项面板，在其中分别单击"淡入"按钮和"淡出"按钮，如图11-55所示。

🔍步骤 04　执行上述操作后，即可添加淡入淡出效果，在声音轨中将显示添加的关键帧，如图11-56所示。

图11-55　单击相应按钮

图11-56　显示添加的关键帧

> **专家指点**　在会声会影2019中，用户也可以选择音频素材文件，单击鼠标右键，在弹出的快捷菜单中选择"淡入"和"淡出"命令，即可添加淡入淡出特效。

11.5.2 ▌去除背景声音中的噪声

在会声会影2019中，用户可以使用音频滤镜来去除背景声音中的噪声。下面介绍去除背景声音中的噪声的操作方法。

扫描二维码 获取文件资源	素材文件	素材\第11章\酷炫特效.mp4
	效果文件	效果\第11章\酷炫特效.VSP
	视频文件	视频\第11章\11.5.2　去除背景声音中的噪声.mp4

🔍 **实战精通191——酷炫特效**

🔍步骤 01　进入会声会影编辑器，在视频轨中插入一段视频素材，如图11-57所示。

🔍步骤 02　切换至"滤镜"选项卡，在窗口上方单击"显示音频滤镜"按钮 ，在"音频滤镜"素材库中选择"NewBlue 减噪器"音频滤镜，如图11-58所示。按住鼠标左键，并拖曳至视频轨中的视频素材上方，释放鼠标左键，即可为视频素材添加音频滤镜。

图11-57　插入视频素材

图11-58　选择相应滤镜

11.5.3 ‖制作背景声音等量化特效

在会声会影2019中，等量化音频可自动平衡一组所选音频和视频素材的音量级别。无论音频的音量是否过大或过小，等量化音频可确保所有素材之间的音量范围保持一致。下面介绍应用"等量化音频"滤镜的操作方法。

扫描二维码获取文件资源	素材文件	素材\第11章\魅力天空.VSP
	效果文件	效果\第11章\魅力天空.VSP
	视频文件	视频\第11章\11.5.3　制作背景声音等量化特效.mp4

实战精通192——魅力天空

🔍 **步骤 01** 进入会声会影编辑器，打开一个项目文件，如图11-59所示。

🔍 **步骤 02** 选择声音轨中的音频素材，切换至"滤镜"选项卡，在上方单击"显示音频滤镜"按钮，显示软件中的多种音频滤镜，在其中选择"等量化"音频滤镜，如图11-60所示，按住鼠标左键并将其拖曳至声音轨中的音频素材上，释放鼠标左键，即可添加音频滤镜。

图11-59　打开项目文件

图11-60　选择"等量化"滤镜

11.5.4 ‖制作声音的变音声效

在会声会影2019中，用户可以为视频制作变音声效。下面介绍制作声音的变音声效的操作方法。

扫描二维码 获取文件资源	素材文件	素材\第11章\海洋公园.VSP
	效果文件	效果\第11章\海洋公园.VSP
	视频文件	视频\第11章\11.5.4　制作声音的变音声效.mp4

实战精通193——海洋公园

步骤 01 进入会声会影编辑器，打开一个项目文件，如图11-61所示。

步骤 02 进入"音乐和声音"选项面板，在其中单击"音频滤镜"按钮，弹出"音频滤镜"对话框，在左侧列表框中选择"音调偏移"选项，单击"添加"按钮，即可添加"音调偏移"音频滤镜，如图11-62所示。

图11-61　打开项目文件

图11-62　添加"音调偏移"音频滤镜

步骤 03 单击"选项"按钮，弹出"音调偏移"对话框，在其中拖曳"半音调"下方的滑块至-6的位置，如图11-63所示。

步骤 04 设置完成后，单击"确定"按钮，回到会声会影操作界面，单击导览面板中的"播放"按钮，即可预览视频画面并试听音频效果，如图11-64所示。

图11-63　拖曳"半音调"滑块至-6的位置

图11-64　预览视频画面并试听音频效果

11.5.5 ┃制作多音轨声音特效

在视频制作过程中，常常用到多音轨，多音轨是指将不同声音效果放入不同轨道。下面介绍制作多音轨视频的操作方法。

扫描二维码 获取文件资源	素材文件	素材\第11章\特色灯展.VSP
	效果文件	效果\第11章\特色灯展.VSP
	视频文件	视频\第11章\11.5.5　制作多音轨声音特效.mp4

实战精通194——特色灯展

步骤 01 进入会声会影编辑器，打开一个项目文件，如图11-65所示。

步骤 02 选择"设置"|"轨道管理器"命令，弹出"轨道管理器"对话框，在其中设置"音乐轨"数量为2，如图11-66所示。

图11-65 打开项目文件

图11-66 设置"音乐轨"数量

步骤 03 设置完成后，单击"确定"按钮，将时间移至00:00:00:00位置，在第一条音乐轨和第二条音乐轨相同的位置，分别添加两段不同的音乐素材，并调整素材的区间长度，如图11-67所示。

步骤 04 执行操作后，即可完成多音轨声音特效的制作，单击导览面板中的"播放"按钮，即可预览视频画面并试听制作的多音轨视频效果，如图11-68所示。

图11-67 添加两段不同的音乐素材

图11-68 预览视频画面

第12章

渲染输出视频文件

学习提示

　　经过一系列烦琐编辑后，用户便可将编辑完成的影片输出成视频文件了。通过会声会影2019中提供的"共享"步骤面板，可以将编辑完成的影片进行渲染以及输出成视频文件。本章主要向读者介绍渲染、输出视频文件的操作方法。

🗑 CLEAR　　⬆ SUBMIT

本章重点导航

🗑 CLEAR　　⬆ SUBMIT

12.1 将视频输出为不同的格式

本节主要向读者介绍使用会声会影2019渲染输出视频与音频的各种操作方法,主要包括输出AVI、MPEG、MP4、WMV和MOV等格式视频,输出WAV、WMA等格式音频内容,希望读者熟练掌握本节视频与音频的输出技巧。

12.1.1 ┃ 输出AVI视频文件

AVI主要应用在多媒体光盘上,用来保存电视、电影等各种影像信息,它的优点是兼容性好,图像质量好,只是输出的尺寸和容量有点偏大。下面向读者介绍输出AVI视频文件的操作方法。

扫描二维码 获取文件资源	素材文件	素材\第12章\艺术铜像.VSP
	效果文件	效果\第12章\艺术铜像.avi
	视频文件	视频\第12章\12.1.1 输出AVI视频文件.mp4

实战精通195——艺术铜像

步骤 01 进入会声会影编辑器,打开一个项目文件,如图12-1所示。

步骤 02 在编辑器的上方,单击"共享"标签,如图12-2所示,切换至"共享"步骤面板。

图12-1 打开项目文件

图12-2 单击"共享"标签

步骤 03 在上方面板中选择AVI选项,是指输出AVI视频格式,如图12-3所示。

步骤 04 在下方面板中,单击"文件位置"右侧的"浏览"按钮,如图12-4所示。

图12-3 选择AVI选项

图12-4 单击"浏览"按钮

步骤 05 弹出"浏览"对话框，在其中设置视频文件的输出名称与输出位置，如图12-5所示。

步骤 06 设置完成后单击"保存"按钮，返回会声会影"共享"步骤面板，单击下方的"开始"按钮，开始渲染视频文件，并显示渲染进度，如图12-6所示。稍等片刻待视频文件输出完成后，弹出信息提示框，提示用户视频文件建立成功，单击"确定"按钮，完成输出AVI视频的操作。

图12-5 设置视频输出选项

图12-6 显示渲染进度

步骤 07 在预览窗口中单击"播放"按钮，预览输出的AVI视频画面效果，如图12-7所示。

图12-7 预览输出的AVI视频画面效果

12.1.2 ▎输出MPEG视频文件

在影视后期输出中，有许多视频文件需要输出MPEG格式，网络上很多视频文件的格式也是MPEG格式的。下面向读者介绍输出MPEG视频文件的操作方法。

扫描二维码获取文件资源	素材文件	素材\第12章\景深摄影.VSP
	效果文件	效果\第12章\景深摄影.mpg
	视频文件	视频\第12章\12.1.2　输出MPEG视频文件.mp4

实战精通196——景深摄影

步骤 01 进入会声会影编辑器，打开一个项目文件，如图12-8所示。

步骤 02 在编辑器的上方，单击"共享"标签，切换至"共享"步骤面板，在上方面板中选择MPEG-2选项，是指输出MPEG视频格式，如图12-9所示。

步骤 03 在下方面板中，单击"文件位置"右侧的"浏览"按钮，如图12-10所示。

步骤 04 弹出"浏览"对话框，在其中设置视频文件的输出名称与输出位置，如图12-11所示。

图12-8　打开项目文件

图12-9　选择MPEG-2选项

图12-10　单击"浏览"按钮

图12-11　设置视频保存选项

步骤 05 设置完成后，单击"保存"按钮，返回会声会影步骤面板，单击下方的"开始"按钮，开始渲染视频文件，并显示渲染进度，稍等片刻待视频文件输出完成后，弹出信息提示框，提示用户视频文件建立成功，如图12-12所示，单击"确定"按钮，完成输出MPEG视频的操作。

步骤 06 在预览窗口中单击"播放"按钮，预览输出的MPEG视频画面效果，如图12-13所示。

图12-12　单击"确定"按钮

图12-13　预览输出的MPEG视频画面

12.1.3 输出MP4视频文件

　　MP4全称为MPEG-4 Part 14，是一种使用MPEG-4的多媒体格式，文件格式名为.mp4，该格式的优点是应用广泛，在大多数播放软件、非线性编辑软件以及智能手机中都能播放。下面向读者介绍输出MP4视频文件的操作方法。

扫描二维码 获取文件资源	素材文件	素材\第12章\建筑雕塑.VSP
	效果文件	效果\第12章\建筑雕塑.mp4
	视频文件	视频\第12章\12.1.3　输出MP4视频文件.mp4

步骤 01 进入会声会影编辑器,打开一个项目文件,如图12-14所示。

步骤 02 在编辑器的上方,单击"共享"标签,切换至"共享"步骤面板,在上方面板中选择MPEG-4选项,是指输出MP4视频格式,如图12-15所示。

图12-14　打开项目文件

图12-15　选择MPEG-4选项

步骤 03 在下方面板中,单击"文件位置"右侧的"浏览"按钮,弹出"浏览"对话框,在其中设置视频文件的输出名称与输出位置,如图12-16所示。

步骤 04 单击"保存"按钮,返回会声会影"共享"步骤面板,单击下方的"开始"按钮,开始渲染视频文件并显示渲染进度,如图12-17所示。稍等片刻待视频文件输出完成后,弹出信息提示框,提示用户视频文件建立成功,单击"确定"按钮,完成输出MP4视频的操作。

图12-16　设置视频输出选项

图12-17　显示渲染进度

步骤 05 单击"播放"按钮,预览输出的MP4视频画面效果,如图12-18所示。

图12-18　预览输出的MP4视频画面效果

12.1.4 ‖输出WMV视频文件

WMV视频格式在互联网中使用非常频繁,深受广大用户喜爱。下面向读者介绍输出WMV

视频文件的操作方法。

扫描二维码获取文件资源	素材文件	素材\第12章\贺寿特效.VSP
	效果文件	效果\第12章\贺寿特效.wmv
	视频文件	视频\第12章\12.1.4　输出WMV视频文件.mp4

实战精通198——贺寿特效

步骤 01 进入会声会影编辑器，打开一个项目文件，如图12-19所示。

步骤 02 在编辑器的上方，单击"共享"标签，切换至"共享"步骤面板，在上方面板中选择WMV选项，是指输出WMV视频格式，如图12-20所示。

图12-19　打开项目文件

图12-20　选择WMV选项

步骤 03 在下方面板中，单击"文件位置"右侧的"浏览"按钮，弹出"浏览"对话框，在其中设置视频文件的输出名称与输出位置，如图12-21所示。

步骤 04 设置完成后，单击"保存"按钮，返回会声会影步骤面板，单击下方的"开始"按钮，开始渲染视频文件，并显示渲染进度，如图12-22所示。

图12-21　设置视频输出属性

图12-22　显示渲染进度

步骤 05 稍等片刻待视频文件输出完成后，弹出信息提示框，提示用户视频文件建立成功，单击"确定"按钮，完成输出WMV视频的操作，在预览窗口中单击"播放"按钮，预览输出的WMV视频画面效果，如图12-23所示。

图12-23　预览输出的WMV视频画面效果

12.1.5 ‖ 输出MOV视频文件

MOV格式是指Quick Time格式，是Apple(苹果)公司创立的一种视频格式。下面向读者介绍输出MOV视频文件的操作方法。

扫描二维码获取文件资源	素材文件	素材\第12章\山水一色.VSP
	效果文件	效果\第12章\山水一色.mov
	视频文件	视频\第12章\12.1.5　输出MOV视频文件.mp4

实战精通199——山水一色 ➡

步骤 01 进入会声会影编辑器，打开一个项目文件，如图12-24所示。

步骤 02 在编辑器的上方，单击"共享"标签，切换至"共享"步骤面板，在上方面板中选择"自定义"选项，单击"格式"右侧的下拉按钮，在弹出的列表框中选择"QuickTime影片文件"选项，如图12-25所示。

图12-24　打开项目文件

图12-25　选择"QuickTime影片文件"选项

步骤 03 在下方面板中，单击"文件位置"右侧的"浏览"按钮，弹出"浏览"对话框，在其中设置视频文件的输出名称与输出位置，如图12-26所示。

步骤 04 设置完成后，单击"保存"按钮，返回会声会影编辑器，单击下方的"开始"按钮，开始渲染视频文件，并显示渲染进度，稍等片刻待视频文件输出完成后，弹出信息提示框，单击"确定"按钮，如图12-27所示。

图12-26　设置视频输出选项

图12-27　显示渲染进度

步骤 05 完成输出MOV视频的操作，在预览窗口中单击"播放"按钮，预览输出的WOV视频画面效果，如图12-28所示。

图12-28　预览输出的MOV视频画面效果

12.1.6 ║ 输出部分区间媒体文件

在会声会影2019中渲染视频时，为了更好地查看视频效果，常常需要渲染视频中的部分视频内容。下面向读者介绍渲染输出指定范围的视频内容的操作方法。

扫描二维码 获取文件资源	素材文件	素材\第12章\高原风景.mpg
	效果文件	效果\第12章\高原风景.mp4
	视频文件	视频\第12章\12.1.6　输出部分区间媒体文件.mp4

🔍 **实战精通200——高原风景** ▶

步骤 01 进入会声会影编辑器，在视频轨中插入一段视频素材，如图12-29所示。

步骤 02 在时间轴上，拖曳当前时间指示器至00:00:01:000的位置，单击"开始标记"按钮，此时时间轴上将出现黄色标记，如图12-30所示。

图12-29　插入视频素材

图12-30　设置开始标记

步骤 03 拖曳当前时间指示器至00:00:05:000的位置，单击"结束标记"按钮，时间轴上黄色标记的区域为用户所指定的预览范围，如图12-31所示。

步骤 04 单击"共享"标签，切换至"共享"步骤面板，在上方面板中选择MPEG-4选项，如图12-32所示。

步骤 05 单击"文件位置"右侧的"浏览"按钮，弹出"浏览"对话框，在其中设置视频文件的输出名称与输出位置，如图12-33所示。

步骤 06 设置完成后，单击"保存"按钮，返回会声会影"共享"步骤面板，在面板下方选中"只创建预览范围"复选框，如图12-34所示。

图12-31 设置结束标记

图12-32 选择MPEG-4选项

图12-33 设置保存选项

图12-34 选中"只创建预览范围"复选框

步骤 07 单击"开始"按钮,开始渲染视频文件,并显示渲染进度,如图12-35所示。

步骤 08 稍等片刻待视频文件输出完成后,弹出信息提示框,提示用户视频文件建立成功,
如图12-36所示,单击"确定"按钮,完成指定影片输出范围的操作。

图12-35 开始渲染指定范围的影片

图12-36 提示用户视频文件建立成功

步骤 09 单击"播放"按钮,预览输出的部分视频画面效果,如图12-37所示。

图12-37 预览输出的部分视频画面效果

12.1.7 ‖ 单独输出项目中的声音

　　WAV格式是微软公司开发的一种声音文件格式，又称为波形声音文件。下面向读者介绍输出WAV音频文件的操作方法。

扫描二维码 获取文件资源	素材文件	素材\第12章\清澈湖水.VSP
	效果文件	效果\第12章\清澈湖水.wav
	视频文件	视频\第12章\12.1.7　单独输出项目中的声音.mp4

实战精通201——清澈湖水

步骤 01 进入会声会影编辑器，打开一个项目文件，如图12-38所示。

步骤 02 在编辑器的上方，单击"共享"标签，切换至"共享"步骤面板，在上方面板中选择"音频"选项，如图12-39所示。

图12-38　打开项目文件

图12-39　选择"音频"选项

步骤 03 在下方的面板中单击"格式"右侧的下拉按钮，在弹出的列表框中选择"Microsoft WAV文件"选项，如图12-40所示。

步骤 04 在下方面板中，单击"文件位置"右侧的"浏览"按钮，弹出"浏览"对话框，在其中设置音频文件的输出名称与输出位置，如图12-41所示。

图12-40　选择相应的选项

图12-41　设置音频输出选项

步骤 05 设置完成后，单击"保存"按钮，返回会声会影"共享"步骤面板，单击下方的"开始"按钮，开始渲染音频文件，并显示渲染进度，稍等片刻待音频文件输出完成后，弹出信息提示框，提示用户音频文件建立成功，单击"确定"按钮，如图12-42所示，完成输出WAV音频的操作。

步骤 06 在预览窗口中单击"播放"按钮，试听输出的WAV音频文件，并预览视频画面效果，如图12-43所示。

图12-42　单击"确定"按钮

图12-43　试听输出的WAV音频文件

12.2　输出3D视频文件

在会声会影2019中，可以将相应的视频文件输出为3D视频文件，主要包括MPEG格式、WMV格式和MVC格式等。用户可根据实际情况选择相应的视频格式进行3D视频文件的输出操作。

12.2.1 ｜ 输出MPEG格式的3D文件

MPEG格式是一种常见的视频格式，下面向读者介绍将视频文件输出为MPEG格式的3D文件的操作方法。

扫描二维码获取文件资源	素材文件	素材\第12章\古镇风景.VSP
	效果文件	效果\第12章\古镇风景.m2t
	视频文件	视频\第12章\12.2.1　输出MPEG格式的3D文件.mp4

🔍 **实战精通202——古镇风景** ▶

🔍**步骤01**　进入会声会影编辑器，打开一个项目文件，如图12-44所示。

🔍**步骤02**　在编辑器的上方，单击"共享"标签，切换至"共享"步骤面板，在左侧单击"3D影片"按钮，如图12-45所示。

图12-44　打开项目文件

图12-45　单击"3D影片"按钮

🔍**步骤03**　进入"3D影片"选项卡，在上方面板中选择MPEG-2选项，如图12-46所示。

🔍**步骤04**　在下方面板中，单击"文件位置"右侧的"浏览"按钮，如图12-47所示。

图12-46 选择MPEG-2选项　　　　　图12-47 单击"浏览"按钮

步骤 05 弹出"浏览"对话框,设置视频文件的输出名称与输出位置,如图12-48所示。

步骤 06 设置完成后,单击"保存"按钮,返回会声会影"共享"步骤面板,单击下方的"开始"按钮,开始渲染3D视频文件,并显示渲染进度,如图12-49所示。

图12-48 设置视频输出选项　　　　　图12-49 开始渲染3D视频文件

步骤 07 稍等片刻待3D视频文件输出完成后,弹出信息提示框,提示用户视频文件建立成功,单击"确定"按钮,完成3D视频文件的输出操作,在预览窗口中单击"播放"按钮,预览输出的3D视频画面,如图12-50所示。

图12-50 预览输出的3D视频画面效果

12.2.2 ‖ 输出WMV格式的3D文件

在会声会影2019中,用户不仅可以建立MPEG格式的3D文件,还可以建立WMV格式的3D文件。下面向读者详细介绍具体方法。

扫描二维码 获取文件资源	素材文件	素材\第12章\足球比赛.VSP
	效果文件	效果\第12章\足球比赛.wmv
	视频文件	视频\第12章\12.2.2　输出WMV格式的3D文件.mp4

实战精通203——足球比赛

步骤 01 进入会声会影编辑器，打开一个项目文件，如图12-51所示。

步骤 02 单击"共享"标签，切换至"共享"步骤面板，在左侧单击"3D影片"按钮，进入 "3D影片"选项卡，在上方面板中选择WMV选项，如图12-52所示。

图12-51 打开项目文件

图12-52 选择WMV选项

步骤 03 在下方面板中，单击"文件位置"右侧的"浏览"按钮，弹出"浏览"对话框，在 其中设置视频文件的输出名称与输出位置，如图12-53所示。

步骤 04 设置完成后，单击"保存"按钮，返回会声会影"共享"步骤面板，单击下方的 "开始"按钮，开始渲染3D视频文件，并显示渲染进度，如图12-54所示。稍等片刻 待3D视频文件输出完成后，弹出信息提示框，单击"确定"按钮，完成3D视频文件 的输出操作。

图12-53 设置视频输出选项

图12-54 开始渲染3D视频文件

步骤 05 在预览窗口中单击"播放"按钮，预览输出的3D视频画面效果，如图12-55所示。

图12-55 预览输出的3D视频画面效果

第13章

分享视频至新媒体平台

学习提示

在会声会影2019中，用户将视频文件编辑完成后，可以分享至今日头条、一点资讯、优酷网站、新浪微博、抖音APP和微信等，与网友一起分享制作的视频效果。本节主要介绍分享视频至新媒体各个平台的具体操作方法。

🗑 CLEAR　　⬆ SUBMIT

本章重点导航

🗑 CLEAR　　⬆ SUBMIT

13.1　将视频分享至新媒体平台

本节主要介绍将视频上传至今日头条、一点资讯、优酷网站、新浪微博、抖音APP等媒体平台的具体操作方法。

◀ 13.1.1 ‖ 上传视频至今日头条 ▶

今日头条APP是一款用户量众多的新闻阅读客户端，提供了最新的新闻、视频等资讯。下面介绍将会声会影中制作的视频文件上传至今日头条公众平台的操作方法。

扫描二维码 获取文件资源	素材文件	无
	效果文件	无
	视频文件	视频\第13章\13.1.1　上传视频至今日头条.mp4

🔍 实战精通204——今日头条 ▶

🔍**步骤 01**　进入今日头条公众号后台，在界面中单击"上传视频"按钮，如图13-1所示。

🔍**步骤 02**　弹出"打开"对话框，选择需要上传的视频文件，如图13-2所示。

图13-1　单击"上传视频"按钮

图13-2　选择视频文件

🔍**步骤 03**　单击"打开"按钮，开始上传视频文件，并显示上传进度，如图13-3所示。

🔍**步骤 04**　稍等片刻，提示视频上传成功，如图13-4所示，用户即可发表上传的视频。

图13-3　显示上传进度

图13-4　提示视频上传成功

13.1.2 ┃ 上传视频至一点资讯

一点资讯自媒体平台又称为一点号,是由一点资讯推出的一个内容发布平台,个人媒体、机构媒体、政府政务组织、企业以及其他组织等都可以申请注册该平台。

扫描二维码 获取文件资源	素材文件	无
	效果文件	无
	视频文件	视频\第13章\13.1.2　上传视频至一点资讯.mp4

实战精通205——一点资讯

步骤 01 进入一点资讯公众号后台,在界面中单击"上传视频"按钮,如图13-5所示。

步骤 02 弹出"打开"对话框,选择需要上传的视频文件,如图13-6所示。

图13-5　单击"视频上传"按钮

图13-6　选择需要上传的视频

步骤 03 单击"打开"按钮,开始上传视频文件,并显示上传进度,如图13-7所示。

步骤 04 待视频上传完成后,输入视频的相关信息,单击"发布"按钮,如图13-8所示,即可在一点资讯自媒体平台上发布制作的视频文件。

图13-7　显示上传进度

图13-8　单击"发布"按钮

13.1.3 ┃ 上传视频至优酷网站

优酷网是中国领先的视频分享网站,是中国网络视频行业的知名品牌。下面介绍将视频上传至优酷网站的操作方法。

扫描二维码获取文件资源	素材文件	无
	效果文件	无
	视频文件	视频\第13章\13.1.3　上传视频至优酷网站.mp4

实战精通206——优酷网站

步骤 01 进入优酷视频首页，注册并登录优酷账号，在优酷首页的右上角位置，将鼠标指针移至"上传"文字上，在弹出的面板中单击"上传视频"超链接，如图13-9所示。

步骤 02 执行操作后，打开"上传视频-优酷"网页，在页面的中间位置单击"上传视频"按钮，如图13-10所示。

图13-9　单击"上传视频"超链接

图13-10　单击"上传视频"按钮

步骤 03 弹出"打开"对话框，在其中选择需要上传的视频文件，如图13-11所示。

步骤 04 单击"打开"按钮，返回"上传视频-优酷"网页，在页面上方显示了视频上传进度，稍等片刻，待视频文件上传完成后，页面中会显示100%，在"视频信息"一栏中，设置视频的标题、简介、分类以及标签等内容，如图13-12所示。设置完成后，滚动鼠标，单击页面最下方的"保存"按钮，即可成功上传视频文件，此时页面中提示用户视频上传成功，进入审核阶段。

图13-11　选择视频文件

图13-12　设置视频信息

13.1.4 ‖ 上传视频至新浪微博

　　微博是时下非常流行的一种社交工具，用户可以将自己制作的视频文件与微博好友一起分享。下面主要向读者介绍将视频分享至新浪微博的操作方法。

扫描二维码获取文件资源	素材文件	无
	效果文件	无
	视频文件	视频\第13章\13.1.4　上传视频至新浪微博.mp4

实战精通207——新浪微博

步骤 01 打开相应浏览器，进入新浪微博首页，注册并登录新浪微博账号，在个人中心页面上方单击"视频"按钮，如图13-13所示。

步骤 02 执行操作后，弹出"打开"对话框，在其中选择通过会声会影输出的媒体视频文件，单击"打开"按钮，弹出"上传视频"面板，其中显示了媒体视频文件的上传进度，在下方输入相应的标题、分类、标签等内容，如图13-14所示。

图13-13　单击"视频"按钮

图13-14　上传进度

步骤 03 待视频文件上传完成后，单击下方的"完成"按钮，完成视频的上传操作后，单击话题右侧的"发布"按钮，如图13-15所示。

步骤 04 媒体视频即可发布完成，稍后在新浪微博中查看发布的视频，如图13-16所示。

图13-15　单击"发布"按钮

图13-16　视频审核后发布微博

13.1.5 ‖ 上传视频至兴趣部落

"兴趣部落"是腾讯QQ推出的基于兴趣的公开主题社区，并与拥有共同兴趣标签的QQ群实现了打通和关联，形成以兴趣聚合的社交生态系统。下面主要向读者介绍在QQ兴趣部落中分享视频的操作方法。

扫描二维码 获取文件资源	素材文件	无
	效果文件	无
	视频文件	视频\第13章\13.1.5　上传视频至兴趣部落.mp4

实战精通208——兴趣部落

步骤 01 在兴趣部落的"摄影"部落中，单击左侧的"发表"按钮，如图13-17所示。

步骤 02 弹出"发表话题"面板，单击"插入视频"按钮，如图13-18所示。

图13-17　单击"发表"按钮　　　　　　图13-18　单击"插入视频"按钮

步骤 03 弹出"插入视频"对话框，用户可以添加腾讯视频链接，也可以通过"添加"按钮，添加视频文件，如图13-19所示。待视频添加完成后，单击下方的"发表"按钮，即可在兴趣部落中发表视频文件。

图13-19　添加视频文件

13.1.6 ‖ 上传视频至搜狐平台

搜狐视频是一个播放量较高的在线视频分享平台，提供了高清电影、电视剧、综艺节目、纪录片以及视频的储存空间和视频分享等内容。下面介绍上传视频至搜狐平台的操作步骤。

实战精通209——搜狐平台

步骤 01 进入搜狐视频首页，注册并登录账号，在首页右上角位置，将鼠标指针移至"上传"文字上，在弹出的面板中选择"上传视频"选项，如图13-20所示。

步骤 02 执行操作后，打开"浏览器上传-搜狐视频"网页，在页面的中间位置单击"上传视频"按钮，如图13-21所示。

图13-20　选择"上传视频"选项

图13-21　单击"上传视频"按钮

步骤 03 弹出"打开"对话框，在其中选择需要上传的视频文件，如图13-22所示。

步骤 04 单击"打开"按钮，进入相应页面，在页面上方显示了视频上传进度，稍等片刻，待视频文件上传完成后，在下方面板中，设置视频的标题、简介、分类以及标签等内容，如图13-23所示。设置完成后，单击"保存"按钮，即可成功上传分享视频文件。

图13-22　选择视频文件

图13-23　设置视频信息

13.1.7 ‖上传视频至百度百家

百度百家作为百度旗下的自媒体平台，运营者只要注册了百家号，就可以在上面通过多种形式的内容进行推广，视频内容就是其中之一。下面介绍上传视频至百度百家的操作。

扫描二维码 获取文件资源	素材文件	无
	效果文件	无
	视频文件	视频\第13章\13.1.7　上传视频至百度百家.mp4

实战精通210——百度百家 ▶

步骤 01 进入百家号首页，注册并登录账号，在百家号首页左侧的菜单面板中单击"发布视频"超链接，如图13-24所示。

步骤 02 进入"发布视频"页面，输入视频标题后，单击"上传本地视频"按钮，如图13-25所示。

步骤 03 弹出"打开"对话框，在其中选择需要上传的视频文件，如图13-26所示。

步骤 04 单击"打开"按钮，在页面中显示了视频上传进度，稍等片刻，待视频文件上传完成后，在下方面板中，设置视频的封面、分类、标签以及视频简介等内容，如

图13-27所示。设置完成后，单击"发布"按钮，即可成功上传分享视频文件。

图13-24　单击"发布视频"超链接

图13-25　单击"上传本地视频"按钮

图13-26　选择视频文件

图13-27　设置视频信息

13.1.8 ‖ 上传视频至抖音APP　★进阶★

抖音APP是目前比较热门的一个手机软件，很多自媒体和"网红"们都喜欢将自己拍摄制作的短视频上传分享至抖音平台上。下面介绍上传本地视频至抖音APP的操作方法。

实战精通211——抖音APP

步骤 01 进入抖音拍摄界面，点击右下角的"上传"按钮进入其界面，如图13-28所示。

步骤 02 进入"上传"页面，在"视频"选项卡中，选择手机内的视频，如图13-29所示。

步骤 03 自动进入分段选取页面，用户可以在下方选取满意的片段，然后点击右上方的"下一步"按钮，开始合成短视频素材，如图13-30所示。

图13-28　点击按钮

图13-29　选择视频文件

图13-30　合成短视频素材

步骤 04 合成完成后，自动进入短视频后期处理界面，用户可以在其中设置封面，添加音乐、特效、滤镜、贴纸等，执行操作后，点击"下一步"按钮，如图13-31所示。

步骤 05 进入"发布"页面，为视频添加标题字幕后，点击下方的"发布"按钮，即可将视频上传分享，如图13-32所示。

图13-31　点击"下一步"按钮

图13-32　点击"发布"按钮

13.2 将视频分享至微信好友及朋友圈

近些年来，越来越多的人通过微信平台进行社交、营销，微信使用率也越来越高，当用户在会声会影中将视频制作完成后，可以将视频文件分享至微信好友及朋友圈中。本节主要介绍将制作的视频分享至微信好友及朋友圈的操作方法。

13.2.1 发送视频给微信好友

现在基本上有智能手机的人就有一个微信号，用户将制作完成的视频文件导入手机存档后，即可将视频分享给微信好友观看。下面介绍发送视频给微信好友的操作方法。

实战精通212——微信好友

步骤 01 打开微信，进入与好友的聊天界面中，点击下方聊天窗口中的⊕按钮，弹出功能面板，在其中点击"图片"图标，如图13-33所示。

步骤 02 进入"图片和视频"页面，点击页面下方的"图片和视频"按钮，在弹出的选项面板中点击"所有视频"选项，如图13-34所示。

图13-33　点击"图片"图标

图13-34　点击"所有视频"选项

步骤 03 进入"所有视频"选项面板，选中页面中的视频，如图13-35所示。

步骤 04 执行操作后，点击右上角的"发送"按钮，即可将视频发送给好友，如图13-36所示。

图13-35　选中视频

图13-36　发送视频

◀ 13.2.2 ‖ 分享视频至微信朋友圈 ▶

　　用户除了将视频文件分享给某一个好友外，还可以将视频发布分享至朋友圈中，这样就能让更多的微信好友看到视频文件。下面介绍分享视频至微信朋友圈的操作方法。

🔍 **实战精通213——微信朋友圈** ▶

步骤 01 进入"朋友圈"界面，点击右上角的相机图标 ◎，在弹出的列表框中点击"从相册选择"选项按钮，如图13-37所示。

步骤 02 进入"图片和视频"页面，点击页面下方的"图片和视频"按钮，在弹出的选项面板中点击"所有视频"选项，如图13-38所示。

图13-37　点击"从相册选择"选项按钮

图13-38　点击"所有视频"选项

步骤 03 进入"所有视频"选项面板，点击页面中的视频，如图13-39所示。

步骤 04 执行操作后，进入"编辑"页面，点击"完成"按钮，如图13-40所示。

步骤 05 执行操作后，即可进入视频发布页面，用户可以在上方的空白位置输入对视频文件简短的文字描述，然后点击"发表"按钮，如图13-41所示。执行操作后，即可将视频文件发布分享至朋友圈中。

图13-39　点击视频　　　　　图13-40　点击"完成"按钮　　　　图13-41　点击"发表"按钮

13.3　将视频分享至微信公众平台

　　微信公众号是目前非常火爆的一个媒体公众平台，很多企业、商家都会通过微信公众号进行宣传、获利。本节主要介绍将制作的视频分享至微信公众平台的操作方法。

13.3.1　上传视频至微信公众平台

　　用户创建了微信公众号之后，就可以在公众号的后台上传视频文件了。下面以《会声会影1号》公众号为例，介绍上传视频至微信公众平台的操作方法。

扫描二维码获取文件资源	素材文件	无
	效果文件	无
	视频文件	视频\第13章\13.3.1　上传视频至微信公众平台.mp4

实战精通214——微信公众平台

步骤 01　进入微信公众号后台，在"素材管理"界面中单击"添加视频"按钮，如图13-42所示。

步骤 02　进入相应界面，单击"上传视频"下方的"选择文件"按钮，如图13-43所示。

图13-42　单击"添加视频"按钮

图13-43　单击"选择文件"按钮

步骤 03　弹出"打开"对话框，选择需要导入的视频文件，单击"打开"按钮，即可开始上传视频文件，并显示上传进度，稍后将提示文件上传成功，在下方输入视频的相关信息，如图13-44所示。

🔍**步骤 04** 滚动页面，在最下方单击"保存"按钮，即可完成视频的上传与添加操作，页面中提示视频正在转码，如图13-45所示。待转码完成后，即可在公众号中进行发布。

图13-44　提示文件上传成功　　　　　　　图13-45　页面中提示视频正在转码

◀ 13.3.2 ‖ 在微信公众平台发布视频 ▶

当用户将视频文件上传至微信公众平台并审核通过后，就可以将视频进行群发操作了。下面介绍在微信公众平台发布视频文件的操作方法。

扫描二维码 获取文件资源	素材文件	无
	效果文件	无
	视频文件	视频\第13章\13.3.2　在微信公众平台发布视频.mp4

🔍 实战精通215——在微信公众平台发布视频 ▶

🔍**步骤 01** 登录"会声会影1号"公众号后台，在"新建图文消息"界面右侧，单击"视频"按钮，如图13-46所示。

🔍**步骤 02** 弹出"选择视频"对话框，在其中选择上一节中上传成功的视频文件，单击"确定"按钮，如图13-47所示。

图13-46　单击"视频"按钮　　　　　　　图13-47　单击"确定"按钮

🔍**步骤 03** 即可将视频插入图文消息中，单击下方的"保存并群发"按钮，如图13-48所示，通过扫描二维码，即可群发图文视频文章。

图13-48　单击"保存并群发"按钮

13.4 应用百度网盘分享视频

百度网盘，是百度公司推出的一项类似于iCloud的网络存储服务，用户可以通过PC等多种平台进行数据共享的网络存储服务。使用百度网盘，用户可以随时查看与共享文件。本节主要介绍通过百度网盘存储并分享视频的具体操作方法。

◀ 13.4.1 ▌注册与登录百度网盘 ▶

在使用百度网盘的相关功能之前，用户首先需要注册并登录百度网盘。下面介绍注册并登录百度网盘的操作方法。

扫描二维码 获取文件资源	素材文件	无
	效果文件	无
	视频文件	视频\第13章\13.4.1　注册与登录百度网盘.mp4

🔍 实战精通216——注册与登录百度网盘 ▶

🔍 **步骤 01** 打开相应浏览器，进入百度网盘首页，单击"立即注册"按钮，如图13-49所示。

🔍 **步骤 02** 进入"注册百度账号"页面，在其中输入手机号码、密码，单击"获取短信验证码"按钮，即可以手机短信的方式获取短信验证码，如图13-50所示。

图13-49　单击"立即注册"按钮

图13-50　获取短信验证码

步骤 03 在"验证码"数值框中输入相应的验证码信息，单击"注册"按钮，即可完成注册，稍等片刻，即可进入百度网盘页面，如图13-51所示。

步骤 04 在页面的右上方，将鼠标指针移至用户名右侧的下拉按钮上，在弹出的列表框中选择"退出"选项，弹出提示信息框，单击"确定"按钮，如图13-52所示，即可完成退出，回到登录界面，在页面中输入用户名、密码等信息，单击"登录"按钮，即可完成登录。

图13-51　进入百度网盘页面　　　　　　图13-52　单击"确定"按钮

◀ 13.4.2 ‖ 上传视频到网盘 ▶

在百度网盘界面中，通过"上传"按钮可以上传视频到网盘中。下面介绍具体的操作方法。

扫描二维码获取文件资源	素材文件	无
	效果文件	无
	视频文件	视频\第13章\13.4.2　上传视频到网盘.mp4

🔍 **实战精通217——上传视频到网盘** ▶

步骤 01 进入百度网盘账号后台，将鼠标指针移至"上传"按钮上，在弹出的列表框中选择"上传文件"选项，如图13-53所示。

步骤 02 弹出"打开"对话框，在其中选择所需要上传的文件，单击"打开"按钮，即可开始上传，并显示上传进度，如图13-54所示。稍等片刻，提示上传完成，即可在网盘中查看上传的文件。

图13-53　选择"上传文件"选项　　　　　　图13-54　显示上传进度

13.4.3 ▎从网盘发送视频给好友

当用户将视频上传至网盘后，接下来可以通过网盘将视频发送给网友，一起分享作品。

扫描二维码 获取文件资源	素材文件	无
	效果文件	无
	视频文件	视频\第13章\13.4.3　从网盘发送视频给好友.mp4

实战精通218——从网盘发送视频给好友

步骤 01 进入网盘页面，在下方选中需要分享的视频文件，单击上方的"分享"按钮，如图13-55所示。

图13-55　单击"分享"按钮

步骤 02 弹出"分享文件"对话框，切换至"发到邮箱"选项卡，在其中可以输入网友的邮箱地址，如图13-56所示，然后单击"分享"按钮，即可通过网盘分享视频文件。

图13-56　通过网盘分享视频文件

专题实战篇

第14章

抖音视频——《延时摄影》

学习提示

　　在抖音APP中，经常可以看到一些延时摄影视频，很多时候，用户所拍摄的视频会有时间太长、画质不够美观等瑕疵，使用会声会影2019可以在后期对视频进行调速延迟、色调处理，使画面更具视觉冲击力。本章主要向读者介绍对有瑕疵的视频进行后期处理的操作方法。

🗑 CLEAR　　⬆ SUBMIT

本章重点导航

- 14.2.1　导入延时视频素材
- 14.2.2　制作视频片头效果
- 14.2.3　制作延时视频效果
- 14.2.4　制作视频片尾效果

- 14.2.5　添加视频字幕效果
- 14.3.1　制作视频背景音乐
- 14.3.2　渲染输出视频文件

🗑 CLEAR　　⬆ SUBMIT

14.1 实例分析

会声会影的神奇，不仅在视频转场和滤镜的套用，而是巧妙地将这些功能组合运用，用户根据自己的需要，可以将相同的素材打造出不同的效果，为视频赋予新的生命，上传至视频平台上，与更多的人一起分享成果。本实例先预览处理的视频画面效果，并掌握技术点睛等内容。

◀ 14.1.1 ▌实例效果欣赏 ▶

本实例介绍制作抖音视频——《延时摄影》的画面效果，如图14-1所示。

图14-1 《延时摄影》视频效果

◀ 14.1.2 ▌实例技术点睛 ▶

首先进入会声会影编辑器，在媒体库中导入相应的视频媒体素材，为视频制作片头，将《延时摄影》视频文件导入视频轨中，调整视频延时速度、添加滤镜效果，然后制作视频片尾，在标题轨中为视频添加标题字幕，最后为视频添加背景音乐，输出为视频文件。

14.2 制作视频效果

本节主要介绍抖音视频——《延时摄影》视频文件的制作过程，如导入视频媒体素材、制作视频片头效果、制作延时视频效果、制作视频片尾效果以及制作视频字幕效果等内容。

14.2.1 ‖导入延时视频素材

在制作视频效果之前，首先需要导入相应的视频媒体素材，导入后才能对媒体素材进行相应编辑。下面介绍导入延时视频素材的操作方法。

扫描二维码 获取文件资源	素材文件	素材\"第14章"文件夹
	效果文件	无
	视频文件	视频\第14章\14.2.1　导入延时视频素材.mp4

步骤 01 在界面右上角单击"媒体"按钮🖥，切换至"媒体"素材库，单击库导航面板上方的"添加"按钮，新增一个"文件夹"选项，如图14-2所示。

步骤 02 单击素材库上方的"显示音频文件"按钮，然后在右侧的空白位置单击鼠标右键，弹出快捷菜单，选择"插入媒体文件"命令，如图14-3所示。

图14-2　新增一个"文件夹"选项

图14-3　选择命令

步骤 03 弹出"浏览媒体文件"对话框，在其中选择需要导入的媒体文件，单击"打开"按钮，如图14-4所示。

步骤 04 执行上述操作后，即可将素材导入"文件夹"选项卡中，在其中用户可以查看导入的素材文件，如图14-5所示。

图14-4　单击"打开"按钮

图14-5　查看导入的媒体文件

14.2.2 制作视频片头效果

将素材导入"媒体"素材库的"文件夹"选项卡中后，接下来用户可以为视频制作片头动画效果，增添影片的观赏性。下面介绍制作《延时摄影》视频片头特效的作方法。

扫描二维码 获取文件资源	素材文件	无
	效果文件	无
	视频文件	视频\第14章\14.2.2　制作视频片头效果.mp4

步骤 01 在"文件夹"选项卡中，选择"边框.png"素材，按住鼠标左键拖曳并添加到视频轨中的开始位置，如图14-6所示。

步骤 02 打开"编辑"选项面板，设置素材"区间"为0:00:05:000，如图14-7所示。

图14-6　添加到视频轨中　　　　　　图14-7　设置素材区间

步骤 03 使用同样的方法，在"文件夹"选项卡中，将"1.jpg"素材添加至覆叠轨中的开始位置，如图14-8所示。

步骤 04 打开"编辑"选项面板，设置素材"区间"为0:00:05:000，选中"应用摇动和缩放"复选框，单击 自定义 按钮，如图14-9所示。

图14-8　添加至覆叠轨中　　　　　　图14-9　单击"自定义"按钮

步骤 05 在弹出的"摇动和缩放"对话框中设置开始和结束动画参数，如图14-10所示。

步骤 06 在预览窗口中，调整覆叠素材的大小和位置，如图14-11所示。

步骤 07 单击"转场"按钮，切换至"转场"素材库，单击窗口上方的"画廊"按钮，在弹出的列表框中选择"过滤"选项，如图14-12所示。

图14-10　设置结束动画参数

图14-11　调整素材的大小和位置

图14-12　选择"过滤"选项

专家指点

添加摇动效果，用户还可以单击"自定义"右侧的下拉按钮，在弹出的下拉列表框中，选择相应的预设样式进行应用。

🔍步骤 08　在"过滤"素材库中，选择"淡化到黑色"转场，如图14-13所示。

🔍步骤 09　按住鼠标左键，拖曳并添加"淡化到黑色"转场至视频轨中的图像素材后方，使用同样的方法，在覆叠素材的后方，同样添加"淡化到黑色"转场效果，如图14-14所示。

图14-13　选择"淡化到黑色"转场

图14-14　添加"淡化到黑色"转场

🔍步骤 10　单击导览面板中的"播放"按钮，预览制作的视频片头效果，如图14-15所示。

图14-15　预览制作的视频片头效果

14.2.3 制作延时视频效果

在会声会影2019中，完成视频的片头制作后，用户需要对导入的视频进行调速剪辑、滤镜添加等操作，从而使视频画面具有特殊的效果。

扫描二维码 获取文件资源	素材文件	无
	效果文件	无
	视频文件	视频\第14章\14.2.3　制作延时视频效果.mp4

步骤 01 在"文件夹"选项卡中，选择"落日黄昏.mp4"视频素材，如图14-16所示。

步骤 02 按住鼠标左键并拖曳视频素材，添加到视频轨中00:00:05:000的位置，如图14-17所示。

图14-16　选择视频素材

图14-17　添加到视频轨中

步骤 03 选择"落日黄昏.mp4"视频，打开"编辑"选项面板，在其中单击"速度/时间流逝"按钮，如图14-18所示。

步骤 04 弹出"速度/时间流逝"对话框，在其中设置"新素材区间"为0:0:11:18，设置完成后，单击"确定"按钮，如图14-19所示，在预览窗口中可以查看调速后的视频效果。

图14-18　单击相应按钮

图14-19　单击"确定"按钮

步骤 05 单击"滤镜"按钮,切换至"滤镜"素材库,单击窗口上方的"画廊"按钮,在弹出的列表框中选择"NewBlue 视频精选I"选项,如图14-20所示。

步骤 06 打开"NewBlue 视频精选I"素材库,在其中选择"色彩"滤镜效果,如图14-21所示。

图14-20 选择相应选项　　　　　　　　图14-21 选择"色彩"滤镜效果

步骤 07 按住鼠标左键并将其拖曳至"落日黄昏.mp4"视频素材上,如图14-22所示。

步骤 08 展开"效果"选项面板,在其中单击"自定义滤镜"按钮,如图14-23所示。

图14-22 拖曳至相应视频素材上　　　　图14-23 单击"自定义滤镜"按钮

步骤 09 弹出"NewBlue色彩"对话框,将鼠标指针移至开始位置,单击"设置颜色着色"按钮,在弹出的"颜色"对话框中选择第1行第1个颜色,单击"确定"按钮,如图14-24所示。

步骤 10 设置"色彩"为25.4、"饱和"为64、"亮度"为-4.7、"电影伽玛"为48.8,如图14-25所示,将鼠标指针移至中间位置,设置以上相应参数。

图14-24 单击"确定"按钮　　　　　　图14-25 设置相应参数

步骤 11　将鼠标指针移至结尾位置，单击"设置颜色着色"按钮，在弹出的"颜色"对话框中选择第3行第2个颜色，单击"确定"按钮，如图14-26所示。

步骤 12　设置"色彩"为11、"饱和"为64、"亮度"为-4.7、"电影伽玛"为48，设置完成后，单击"行"按钮，如图14-27所示，即可完成"色彩"滤镜效果的制作。

图14-26　单击"确定"按钮　　　　　　　　　图14-27　单击"行"按钮

步骤 13　在预览窗口中，单击"播放"按钮，即可预览制作的延时视频效果，如图14-28所示。

图14-28　预览制作的延时视频效果

◀ 14.2.4 ‖ 制作视频片尾效果 ▶

在完成视频内容剪辑之后，用户可以在会声会影中为视频添加片尾特效，添加片尾特效可以使视频效果更加完整、自然。

扫描二维码获取文件资源	素材文件	无
	效果文件	无
	视频文件	视频\第14章\14.2.4　制作视频片尾效果.mp4

步骤 01　单击"转场"按钮，切换至"转场"素材库，单击窗口上方的"画廊"按钮，在弹出的列表框中选择"过滤"选项，如图14-29所示。

步骤 02　在"过滤"素材库中，选择"淡化到黑色"转场，如图14-30所示。

步骤 03　按住鼠标左键，拖曳"淡化到黑色"转场至视频轨中的"落日黄昏.mp4"视频素材后方，如图14-31所示。

步骤 04 释放鼠标左键,即可添加"淡化到黑色"转场,如图14-32所示,完成视频片尾特效的制作。

图14-29 选择"过滤"选项

图14-30 选择"淡化到黑色"转场

图14-31 拖曳"淡化到黑色"转场

图14-32 添加"淡化到黑色"转场

步骤 05 单击导览面板中的"播放"按钮,预览制作的视频片尾效果,如图14-33所示。

图14-33 预览制作的视频片尾效果

14.2.5 || 添加视频字幕效果

在会声会影2019中,用户可以为制作的《延时摄影》视频画面添加字幕,简明扼要地对视频进行说明。下面介绍添加《延时摄影》字幕的操作方法。

扫描二维码获取文件资源	素材文件	无
	效果文件	无
	视频文件	视频\第14章\14.2.5 添加视频字幕效果.mp4

步骤 01 在时间轴面板中,将时间线移至素材的开始位置,如图14-34所示。

步骤 02 切换至"标题"素材库,在预览窗口中双击鼠标左键,在文本框中输入内容为"延时摄影"，如图14-35所示。

图14-34 将时间线移至素材的开始位置

图14-35 输入内容

步骤 03 在"编辑"选项面板中，设置"区间"为00:00:04:000、"字体"为"楷体"、"颜色"为黄色、"字体大小"为85，如图14-36所示。

步骤 04 单击"边框/阴影/透明度"按钮，弹出"边框/阴影/透明度"对话框，设置"边框宽度"为3.8、"线条色彩"为红色，如图14-37所示。

图14-36 设置字幕参数

图14-37 设置参数属性

步骤 05 切换至"阴影"选项卡，在其中单击"突起阴影"按钮，并设置X为10.0、Y为8.7、"突起阴影色彩"为黑色，设置完成后，单击"确定"按钮，如图14-38所示。

步骤 06 选择预览窗口中的标题字幕并调整大小及位置，如图14-39所示。

图14-38 单击"确定"按钮

图14-39 调整大小及位置

步骤 07 展开"属性"选项面板，选中"动画"单选按钮和"应用"复选框，如图14-40所示。

步骤 08 单击"选取动画类型"下拉按钮，在弹出的列表框中选择"移动路径"选项，如图14-41所示。

图14-40 选中"应用"复选框

图14-41 选择"飞行"选项

步骤 09 在下方的列表框中，选择第2行第2个动画样式，如图14-42所示。

步骤 10 在导览面板中，调整字幕的暂停区间，如图14-43所示。

图14-42 选择动画样式

图14-43 调整字幕的暂停区间

步骤 11 将时间线移至00:00:06:000的位置，如图14-44所示。

步骤 12 切换至"标题"素材库，在预览窗口中双击鼠标左键，在文本框中输入相应内容，并调整字幕的位置，如图14-45所示。

图14-44 移动时间线至相应位置

图14-45 调整字幕的位置

步骤 13 展开"编辑"选项面板，在其中设置字幕"区间"为00:00:09:018，"字体"为"方正瘦金书简体"、"颜色"为白色、"字体大小"为70，如图14-46所示。

步骤 14 单击"边框/阴影/透明度"按钮，弹出"边框/阴影/透明度"对话框，设置"边框宽度"为6.5、"线条色彩"为红色，如图14-47所示。

步骤 15 切换至"阴影"选项卡，在其中单击"突起阴影"按钮，并设置X为9.4、Y为9.4、"突起阴影色彩"为黑色，设置完成后，单击"确定"按钮，如图14-48所示。

图14-46 设置字幕参数

图14-47 设置参数属性

步骤 16 在"属性"选项面板中,设置"选取动画类型"为"淡化",在下方的列表框中选择第1行第2个动画样式,如图14-49所示。

图14-48 单击"确定"按钮

图14-49 选择动画样式

步骤 17 在导览面板中,调整字幕的暂停区间,如图14-50所示。

步骤 18 选择并复制上一个制作的字幕文件,粘贴至覆叠轨中00:00:11:000的位置,并更改字幕内容,如图14-51所示。

图14-50 调整字幕的暂停区间

图14-51 更改字幕内容

步骤 19 更改内容后,展开"编辑"选项面板,在其中设置字幕"区间"为00:00:04:018,如图14-52所示。

步骤 20 在时间轴中双击最后一个字幕文件,在导览面板中调整字幕的暂停区间,如图14-53所示。

步骤 21 单击导览面板中的"播放"按钮,即可预览视频中的字幕动画效果,如图14-54所示。

图14-52 设置字幕区间

图14-53 调整字幕的暂停区间

图14-54 预览视频中的标题字幕动画效果

14.3 视频后期处理

通过对短视频的后期处理，可以为短视频添加各种音乐及特效，并输出视频文件，这样就可以直接上传至抖音APP，与大家一起欣赏制作的延时短视频。本节主要介绍制作视频的背景音乐特效以及渲染输出《延时摄影》视频的操作方法。

14.3.1 制作视频背景音乐

视频经过前期的编辑调整后，用户可为视频添加背景音乐，以增加视频的感染力。下面介绍添加视频背景音乐的操作方法。

扫描二维码 获取文件资源	素材文件	无
	效果文件	无
	视频文件	视频\第14章\14.3.1 制作视频背景音乐.mp4

步骤 01 将时间线移至开始位置，在"文件夹"选项卡中选择"背景音乐.m4a"音频素材，

按住鼠标左键并拖曳，将音频素材添加到音乐轨中，如图14-55所示。

步骤 02 展开"音乐和声音"选项面板，在其中设置音频素材的"区间"为00:00:16:018，单击"淡入"和"淡出"按钮，如图14-56所示，即可为背景音乐添加淡入淡出效果。

图14-55 添加音频素材

图14-56 单击相应按钮

14.3.2 渲染输出视频文件

项目文件编辑完成后，用户即可对其进行渲染输出为视频文件，完整保存。渲染时间会根据编辑项目的长短以及计算机配置的高低而略有不同。下面介绍渲染输出视频文件的操作方法。

扫描二维码获取文件资源	素材文件	无
	效果文件	效果\第14章\抖音视频——《延时摄影》.VSP、抖音视频——《延时摄影》.mpg
	视频文件	视频\第14章\14.3.2 渲染输出视频文件.mp4

步骤 01 切换至"共享"步骤面板，在其中选择MPEG-2选项，在"配置文件"下拉列表中选择第3个选项，如图14-57所示。

步骤 02 设置完成后，在下方面板中单击"文件位置"右侧的"浏览"按钮，弹出"浏览"对话框，在其中设置文件的保存位置和名称，单击"保存"按钮，如图14-58所示。

图14-57 选择第3个选项

图14-58 单击"保存"按钮

步骤 03 返回会声会影"共享"步骤面板，单击"开始"按钮，如图14-59所示，即可开始渲染视频文件，并显示渲染进度。

步骤 04 稍等片刻，弹出提示信息框，提示渲染成功，单击"确定"按钮，如图14-60所示，切换至"编辑"步骤面板，在素材库中可以查看输出的视频文件。

图14-59 单击"开始"按钮

图14-60 单击"确定"按钮

第15章

电商视频——《手机摄影》

学习提示

　　所谓电商产品视频，是指在各大网络电商贸易平台如淘宝网、当当网、京东网等平台上投放的，对商品、品牌进行宣传的视频。本章主要向读者介绍制作电商产品视频的方法，包括导入视频文件、制作视频背景与片头特效、制作画中画覆叠特效、制作字幕特效以及渲染输出影片文件等内容。

🗑 CLEAR　　⬆ SUBMIT

清华大学出

荣誉出版

本章重点导航

🗑 CLEAR　　⬆ SUBMIT

15.1　实例分析

在制作《手机摄影》电商宣传视频效果之前，首先预览项目效果，并掌握项目技术提炼等内容，希望读者学完以后可以举一反三，制作出更多精彩漂亮的影视短片作品。

15.1.1 ‖ 实例效果欣赏

本实例介绍制作电商视频——《手机摄影》，效果如图15-1所示。

图15-1　《手机摄影》视频效果

15.1.2 ‖ 实例技术点睛

用户首先需要将电商视频的素材导入素材库中，添加背景视频至视频轨中，将照片添加至覆叠轨中，为覆叠素材添加动画效果，然后添加字幕、音乐文件。

15.2　制作视频效果

本节主要介绍《手机摄影》视频文件的制作过程，包括导入电商宣传视频素材、制作电商宣传视频背景、制作电商宣传片头特效等内容。

◀ 15.2.1 ‖ 导入电商宣传视频素材 ▶

在编辑电商宣传视频之前，首先需要导入媒体素材文件。下面以通过"插入媒体文件"选项为例，介绍导入电商宣传视频素材的操作方法。

扫描二维码获取文件资源	素材文件	素材\第15章\视频背景.mp4、素材1.png、素材2.jpg～素材7.jpg
	效果文件	无
	视频文件	视频\第15章\15.2.1 导入电商宣传视频素材.mp4

🔍 步骤 01　在界面右上角单击"媒体"按钮，切换至"媒体"素材库，展开库导航面板，单击上方的"添加"按钮，如图15-2所示。

🔍 步骤 02　执行上述操作后，即可新增一个"文件夹"选项，如图15-3所示。

图15-2　单击"添加"按钮

图15-3　新增一个"文件夹"选项

🔍 步骤 03　在菜单栏中选择"文件"｜"将媒体文件插入到素材库"｜"插入视频"命令，弹出"浏览视频"对话框，在其中选择需要导入的视频素材，单击"打开"按钮，即可将视频素材导入新建的文件夹中，如图15-4所示。

图15-4　将视频素材导入新建的文件夹中

🔍 步骤 04　选择相应的电商宣传视频素材，在导览面板中单击"播放"按钮，即可预览导入的视频素材画面效果，如图15-5所示。

图15-5　预览导入的视频素材画面效果

步骤 05 在菜单栏中选择"文件"|"将媒体插入到素材库"|"插入照片"命令,弹出"浏览照片"对话框,在其中选择需要导入的多张电商宣传照片素材,单击"打开"按钮,即可将照片素材导入"文件夹"选项卡中,如图15-6所示。

图15-6 将照片素材导入素材库中

步骤 06 在素材库中选择相应的电商宣传照片素材,在预览窗口中可以预览导入的照片素材画面效果,如图15-7所示。

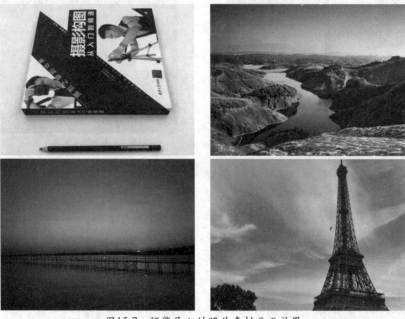

图15-7 预览导入的照片素材画面效果

15.2.2 制作电商宣传视频背景

将电商宣传素材导入"媒体"素材库的"文件夹"选项卡中后,接下来用户可以将视频文件添加至视频轨中,制作电商宣传视频画面效果。

扫描二维码获取文件资源	素材文件	无
	效果文件	无
	视频文件	视频\第15章\15.2.2 制作电商宣传视频背景.mp4

步骤 01 在"文件夹"选项卡中，将"视频背景"素材添加到视频轨中，如图15-8所示。

步骤 02 执行操作后，即可将选择的视频素材插入视频轨中，在"编辑"选项面板中，将视频素材区间更改为00:00:54:023，即可完成背景视频的添加，如图15-9所示，在预览窗口中可以查看添加的视频画面。

图15-8 将素材添加到视频轨中

图15-9 更改素材区间

◀ 15.2.3 ‖ 制作电商宣传片头特效 ▶

在会声会影2019中，为电商宣传片制作片头动画效果，可以提升影片的视觉效果。下面介绍制作电商视频片头动画的操作方法。

扫描二维码 获取文件资源	素材文件	无
	效果文件	无
	视频文件	视频\第15章\15.2.3 制作电商宣传片头特效.mp4

步骤 01 将时间线移至00:00:06:004的位置，在素材库中，选择"1.png"图像素材，按住鼠标左键并将其拖曳至覆叠轨中的时间线位置，在"编辑"选项面板中，设置区间为0:00:10:016，如图15-10所示。

步骤 02 在预览窗口中，调整覆叠素材的大小和位置，展开"效果"选项面板，在其中选中"基本动作"单选按钮，在"进入"选项区中，单击"从左边进入"按钮；在"退出"选项区中，单击"从右边退出"按钮，如图15-11所示。

图15-10 设置素材区间

图15-11 单击动画按钮

步骤 03 在导览面板中调整好暂停区间后，即可完成覆叠特效的制作，在预览窗口中可以预览制作的覆叠画面的效果，如图15-12所示。

图15-12　预览制作的覆叠画面效果

步骤 04 调整时间线滑块至00:00:01:011的位置，切换至"标题"素材库，在预览窗口中的适当位置进行双击操作，为视频添加相应片头字幕，在"编辑"选项面板中设置字体的属性，如图15-13所示。

步骤 05 进入"属性"选项面板，选中"动画"单选按钮和"应用"复选框，单击"应用"右侧的下拉按钮，在弹出的列表框中选择"淡化"选项，在其中选择第1行第2个预设样式，如图15-14所示。

图15-13　设置字体的属性　　　　　　　　图15-14　选择淡化样式

步骤 06 在标题轨中选择添加的标题字幕，单击鼠标右键，在弹出的快捷菜单中选择"复制"命令，将其粘贴至标题轨中的适当位置，在"编辑"选项面板中，设置"区间"为0:00:03:029，在"效果"选项面板中，取消选中"应用"复选框，即可完成第2段字幕文件的制作，如图15-15所示。

图15-15　完成第二段字幕文件的制作

步骤 07 使用同样的方法，在标题轨中的适当位置继续添加相应的字幕文件，时间轴面板如图15-16所示。

图15-16　继续添加相应的字幕文件

步骤 08 单击导览面板中的"播放"按钮，即可在预览窗口中预览片头效果，如图15-17所示。

图15-17 预览片头效果

15.2.4 制作画中画宣传特效

在会声会影2019中，用户可以在覆叠轨中添加多个覆叠素材，制作视频的画中画特效，还可以为覆叠素材添加边框效果，使视频画面更加丰富多彩。本节主要向读者介绍制作画面覆叠特效的操作方法。

扫描二维码获取文件资源	素材文件	无
	效果文件	无
	视频文件	视频\第15章\15.2.4　制作画中画宣传特效.mp4

步骤 01 在视频轨中，移动时间线至00:00:16:020的位置，在素材库中选择"2.jpg"图像素材，按住鼠标左键并将其拖曳至覆叠轨中的时间线位置，在"编辑"选项面板中设置"区间"0:00:04:015，时间轴面板如图15-18所示。

步骤 02 进入"效果"选项面板，单击"遮罩和色度键"按钮，在其中设置"边框"为2，"边框颜色"为白色，在预览窗口中可以调整素材的大小和位置，如图15-19所示。

图15-18 添加"2.jpg"图像素材　　　　图15-19 调整素材的大小和位置

步骤 03 在"效果"选项面板中，选择"基本动作"单选按钮，单击"从左上方进入"按钮，为素材添加动作效果，单击"播放"按钮，在预览窗口中预览覆叠画中画效果，如图15-20所示。

图15-20　预览覆叠画中画效果1

🔍**步骤 04** 使用同样的方法，在覆叠轨中的其他位置添加相应的覆叠素材，并为覆叠素材添加边框与动作特效，单击"播放"按钮预览覆叠画中画效果，如图15-21所示。

图15-21　预览覆叠画中画效果2

◀ 15.2.5 ‖ 制作广告字幕特效 ▶

在会声会影2019中，单击"标题"按钮，切换至"标题"素材库，在其中用户可根据需要输入并编辑多个标题字幕。

扫描二维码获取文件资源	素材文件	无
	效果文件	无
	视频文件	视频\第15章\15.2.5　制作广告字幕特效.mp4

🔍**步骤 01** 在标题轨中，复制前面实例中制作的片头字幕文件，将字幕复制到标题轨中的适当位置，根据需要更改字幕的内容，在"编辑"选项面板中，更改字幕的"字体大小"；在"效果"选项面板中，为字幕文件添加相应的动画效果，并调整暂停区间，在预览窗口中预览字幕效果，标题轨中的字幕文件如图15-22所示。

图15-22　标题轨中的字幕文件

步骤 02 单击导览面板中的"播放"按钮，预览制作的字幕特效，如图15-23所示。

图15-23 预览制作的字幕特效

15.3 视频后期处理

当用户对视频编辑完成后，接下来可以对视频进行后期编辑处理，主要包括在影片中添加音频素材以及渲染输出影片文件。

15.3.1 制作视频背景音效

在会声会影2019中，为视频添加配乐，可以增加视频的感染力。下面介绍制作视频背景音乐的操作方法。

扫描二维码 获取文件资源	素材文件	无
	效果文件	无
	视频文件	视频\第15章\15.3.1 制作视频背景音效.mp4

步骤 01 在"媒体"素材库中的空白位置上单击鼠标右键，在弹出的快捷菜单中选择"插入媒体文件"命令，弹出"浏览媒体文件"对话框，在其中选择需要添加的音乐素材，单击"打开"按钮，即可将选择的音乐素材导入素材库中，如图15-24所示。

步骤 02 在时间轴面板中，将时间线移至视频轨中的开始位置，在"媒体"素材库中，选择"背景音乐.wav"音频素材，按住鼠标左键并拖曳至音乐轨中的开始位置，为视频添加背景音乐，在时间轴面板中，将时间线移至00:00:54:023的位置，如图15-25所示。

图15-24 导入音乐素材

图15-25 移动时间线的位置

步骤 03 选择音乐轨中的素材,单击"编辑"菜单,在弹出的菜单中选择"分割素材"命令,即可将音频素材分割为两段,如图15-26所示。

步骤 04 选择分割的后段音频素材,按【Delete】键进行删除操作,留下剪辑后的音频素材,如图15-27所示。

图15-26 将音频素材分割为两段

图15-27 留下剪辑后的音频素材

步骤 05 在音乐轨中,选择剪辑后的音频素材,打开"音乐和声音"选项面板,在其中单击"淡入"按钮 和"淡出"按钮 ,如图15-28所示,设置背景音乐的淡入和淡出特效,在导览面板中单击"播放"按钮,预览视频画面并聆听背景音乐的声音。

图15-28 单击"淡入"按钮和"淡出"按钮

◀ 15.3.2 ‖ 渲染输出电商视频 ▶

创建并保存视频文件后,用户即可对其进行渲染,渲染完成后可以将视频分享至各种新媒体平台,视频的渲染时间根据项目的长短以及计算机配置的高低而略有不同。下面介绍输出与分享媒体视频文件的操作方法。

扫描二维码 获取文件资源	素材文件	无
	效果文件	效果\第15章\电商视频——《手机摄影》.VSP、电商视频——《手机摄影》.mpg
	视频文件	视频\第15章\15.3.2 渲染输出电商视频.mp4

步骤 01 切换至"共享"步骤面板,在其中选择MPEG-2选项,如图15-29所示。

步骤 02 在下方弹出的面板中,单击"文件位置"右侧的"浏览"按钮,如图15-30所示。

图15-29 选择MPEG-2选项

图15-30 单击"浏览"按钮

步骤 03 弹出"浏览"对话框，在其中设置文件的保存位置和名称，如图15-31所示。

步骤 04 单击"保存"按钮，返回会声会影"共享"步骤面板，单击"开始"按钮，即可开始渲染视频文件，并显示渲染进度，如图15-32所示。渲染完成后，即可完成影片文件的渲染输出。

图15-31 设置保存位置和名称

图15-32 显示渲染进度

步骤 05 稍等片刻弹出提示信息框，提示渲染成功，单击"确定"按钮，如图15-33所示。

步骤 06 切换至"编辑"步骤面板，在素材库中查看输出的视频文件，在预览窗口中可以查看输出的视频画面效果，如图15-34所示。

图15-33 单击"确定"按钮

图15-34 查看输出的视频画面效果

美泉宫
维也纳的避暑

霍夫堡宫
奥地利的总

第16章

旅游记录——《欧洲之行》

学习提示

　　欧洲位于东半球的西北部，北临北冰洋，西濒大西洋，南滨大西洋的属海地中海和黑海，是人类生活水平较高、环境以及人类发展指数较高及适宜居住的大洲之一。本章主要向读者介绍旅游记录——《欧洲之行》视频效果的制作方法，包括导入旅游素材、制作画面摇动效果、转场效果、滤镜效果以及字幕效果等内容。

🗑 CLEAR　　⬆ SUBMIT

尔施塔特

阿尔卑斯山脉
欧洲最高的山

洲
最难忘的一段旅

本章重点导航

🗑 CLEAR　　⬆ SUBMIT

16.1 实例分析

在制作《欧洲之行》视频效果之前，首先预览项目效果，并掌握项目技术点睛等内容，希望读者学完以后可以举一反三，制作出更多精彩漂亮的旅游影像作品。

16.1.1 ‖ 实例效果欣赏

本实例介绍制作旅游记录——《欧洲之行》，效果如图16-1所示。

图16-1　《欧洲之行》视频效果

16.1.2 ‖ 实例技术点睛

首先进入会声会影编辑器，导入欧洲旅游影像素材文件，然后制作画面的摇动效果、转场效果、覆叠效果以及字幕效果，在后期处理中为视频添加背景音乐，最后将视频进行输出操作。

16.2 制作视频效果

本节主要介绍《欧洲之行》视频文件的制作过程，包括导入欧洲旅游影像素材、制作旅游视频摇动效果、制作旅游视频转场效果、制作视频覆叠效果、制作视频字幕效果等内容。

16.2.1 ║ 导入欧洲旅游素材

使用会声会影2019制作实例效果前，需要将素材导入素材库中。下面介绍导入视频/照片/音频等媒体素材的操作方法。

扫描二维码 获取文件资源	素材文件	素材\"第16章"文件夹
	效果文件	无
	视频文件	视频\第16章\16.2.1　导入欧洲旅游素材.mp4

🔍**步骤 01** 进入会声会影编辑器，在"媒体"素材库中新建一个"文件夹"素材库，在右侧的空白位置单击鼠标右键，弹出快捷菜单，选择"插入媒体文件"命令，如图16-2所示。

🔍**步骤 02** 执行操作后，弹出"浏览媒体文件"对话框，在其中选择需要插入的欧洲旅游素材文件，单击"打开"按钮，即可将素材导入"文件夹"选项卡中，在其中用户可查看导入的素材文件，如图16-3所示。

图16-2　选择"插入媒体文件"命令

图16-3　导入旅游视频素材

🔍**步骤 03** 选择相应的欧洲旅游素材，在导览面板中单击"播放"按钮，即可预览导入的素材画面效果，如图16-4所示。

图16-4　预览导入的素材画面效果

16.2.2 ‖制作旅游视频摇动特效

在会声会影2019中,为视频制作摇动和缩放效果,可以让静态的照片动起来,让画面动感十足。下面介绍制作视频摇动效果的方法。

	素材文件	无
扫描二维码获取文件资源	效果文件	无
	视频文件	视频\第16章\16.2.2　制作旅游视频摇动特效.mp4

步骤 01 在"文件夹"选项卡中,选择"片头"视频素材,按住鼠标左键并拖曳至视频轨中的相应位置,添加视频素材,如图16-5所示。

步骤 02 在导览面板中,单击"裁剪工具"按钮,选择"比例模式",将鼠标指针拖曳至预览窗口中的素材上,单击鼠标右键,在弹出的快捷菜单中选择"调整到屏幕大小"命令,即可将素材调整到屏幕大小,如图16-6所示。

图16-5　添加视频素材

图16-6　将素材调整到屏幕大小

步骤 03 单击"图形"按钮,切换至"图形"选项卡,在"颜色"素材库中选择黑色色块,按住鼠标左键并将其拖曳至视频轨中的"片头.wmv"后面,在视频轨黑色色块上单击鼠标右键,在弹出的快捷菜单中选择"更改照片区间"命令,弹出"区间"对话框,在其中设置"区间"为0:0:5:20,单击"确定"按钮,即可改变色彩区间,如图16-7所示。

步骤 04 将"媒体"素材库中的"素材1.jpg"至"素材11.jpg"照片素材添加至视频轨中黑色色块的后面,在视频轨中选择"素材1.jpg"照片素材,如图16-8所示。

图16-7　改变色彩区间

图16-8　选择照片素材

步骤 05 在照片素材上单击鼠标右键，在弹出的快捷菜单中选择"更改照片区间"命令，如图16-9所示。

步骤 06 弹出"区间"对话框，在其中设置"区间"为0:0:6:0，单击"确定"按钮，即可改变照片区间，如图16-10所示。

图16-9 选择"更改照片区间"命令　　　　　　图16-10 单击"确定"按钮

步骤 07 使用同样的方法设置素材"素材2.jpg"的区间为0:0:6:0，"素材3.jpg"至"素材10.jpg"的区间为0:0:5:0，"素材11.jpg"的区间为0:0:7:0，在视频轨中选择"素材1.jpg"，打开"编辑"选项面板，选中"摇动和缩放"单选按钮，如图16-11所示。

步骤 08 单击下方的下拉按钮，在弹出的列表框中选择预设动画样式，如图16-12所示。

图16-11 选中"摇动和缩放"单选按钮　　　　图16-12 选择预设动画样式

步骤 09 通过"自定义"功能调整素材的摇动和缩放属性，单击导览面板中的"播放"按钮，即可预览制作的摇动和缩放效果，如图16-13所示。

图16-13 预览制作的摇动和缩放效果

步骤 10 参照上述相同的方法，设置其他图像素材的摇动和缩放效果，并选择相应的预设动画样式，效果如图16-14所示。

图16-14　选择相应的预设动画样式

◀ 16.2.3 ‖ 制作旅游视频转场特效 ▶

在会声会影2019中，添加转场效果的方法很简单，只需选择某个转场效果，按住鼠标左键并将其拖曳至两幅素材之间，释放鼠标左键，即可添加转场效果。下面向读者介绍制作旅游视频转场特效的方法。

扫描二维码 获取文件资源	素材文件	无
	效果文件	无
	视频文件	视频\第16章\16.2.3　制作旅游视频转场特效.mp4

🔍**步骤 01** 单击"转场"按钮，切换至"转场"选项卡，单击窗口上方的"画廊"按钮，在弹出的列表框中选择"过滤"选项，打开"过滤"素材库，在其中选择"淡化到黑色"转场，如图16-15所示。

🔍**步骤 02** 按住鼠标左键并将其拖曳至视频轨中的"片头.wmv"开始处，如图16-16所示。

图16-15　选择"淡化到黑色"转场

图16-16　添加"淡化到黑色"转场

🔍**步骤 03** 参照上述相同的方法，将"淡化到黑色"转场添加至"片头.wmv"与黑色色块之间、黑色色块与"素材1.jpg"之间、"素材11.jpg"结尾处，并在其他各素材之间添加相应的转场效果，故事板视图效果如图16-17所示。

图16-17 在其他各素材之间添加相应的转场效果

步骤 04 单击"播放"按钮，预览添加的旅游视频转场特效，如图16-18所示。

图16-18 预览添加的旅游视频转场特效

16.2.4 ‖ 制作旅游视频片头特效

在会声会影2019中，可以为旅游视频文件添加片头动画效果，增添影片的观赏性。下面向读者介绍制作旅游视频片头动画的方法。

扫描二维码 获取文件资源	素材文件	无
	效果文件	无
	视频文件	视频\第16章\16.2.4 制作旅游视频片头特效.mp4

步骤 01 在时间轴面板中，将时间线移至00:00:02:005位置，在媒体素材库中选择"素材8.jpg"照片素材，按住鼠标左键并拖曳至覆叠轨中的时间线位置，如图16-19所示。

步骤 02 打开"编辑"选项面板，在其中选中"应用摇动和缩放"复选框，单击该选项下方的下拉按钮，在弹出的列表框中选择所需的动画样式，如图16-20所示。

图16-19 添加照片素材　　　　　　图16-20 选择动画样式

步骤 03 在预览窗口中调整素材大小和位置，打开"效果"选项面板，在其中单击"淡入动画效果"按钮，如图16-21所示，设置覆叠素材的淡入动画效果。

图16-21 单击"淡入动画效果"按钮

步骤 04 单击导览面板中的"播放"按钮，即可预览制作的覆叠效果，如图16-22所示。

图16-22 预览制作的覆叠效果

步骤 05 使用同样的方法，在覆叠轨中添加其他的照片素材，应用摇动和缩放样式，在片头覆叠素材之间分别添加2个"交叉淡化"转场效果，单击导览面板中的"播放"按钮，即可预览制作的旅游视频片头效果，如图16-23所示。

图16-23 预览制作的旅游视频片头效果

◀ 16.2.5 ‖ 制作旅游视频字幕动画 ▶

为视频添加字幕，可以更好地传达创作理念以及所需表达的情感。下面介绍添加视频字幕效果的操作方法，以及为字幕添加滤镜的技巧。

扫描二维码 获取文件资源	素材文件	无
	效果文件	无
	视频文件	视频\第16章\16.2.5 制作旅游视频字幕动画.mp4

步骤 01 将时间线移至00:00:02:005的位置,单击"标题"按钮,切换至"标题"选项卡,在预览窗口中的适当位置输入竖排文字"欧洲之行",在"编辑"选项面板中设置文本的字体属性,效果如图16-24所示。

步骤 02 打开"属性"选项面板,选中"动画"单选按钮以及"应用"复选框,单击"选取动画类型"下拉按钮,在弹出的列表框中选择"弹出"选项,在下方的列表框中选择第1行第1个弹出动画样式,单击"自定义动画属性"按钮 ,弹出"弹出动画"对话框,在其中设置"暂停"为"长",如图16-25所示。

图16-24 输入竖排文字效果　　　　　　　图16-25 设置文本的动画属性

步骤 03 单击"确定"按钮,即可完成所需设置,单击导览面板中的"播放"按钮,即可在预览窗口中预览该标题字幕效果,如图16-26所示。

图16-26 预览该标题字幕效果

步骤 04 参照上述相同方法,在标题轨中的其他位置输入相应的字幕文字,并设置字幕属性、区间、动画效果以及添加所需的滤镜效果等,单击导览面板中的"播放"按钮,即可预览视频中的标题字幕动画效果,如图16-27所示。

图16-27 预览视频中的标题字幕动画效果

16.3 视频后期处理

通过影视后期处理，可以为影片添加各种音乐及特效，使影片更具珍藏价值。本节主要介绍影片的后期编辑与输出，包括制作视频的背景音乐特效和输出为视频文件的操作方法。

◀ 16.3.1 ‖ 制作视频背景音效 ▶

为视频添加合适的背景音乐，可以使制作的视频更具吸引力。下面介绍制作视频背景音乐的操作方法。

扫描二维码 获取文件资源	素材文件	无
	效果文件	无
	视频文件	视频\第16章\16.3.1　制作视频背景音效.mp4

步骤 01 将时间线移至素材的开始位置，在"媒体"素材库中将"片头音乐.mpa"音频文件拖曳至音乐轨中的开始位置，如图16-28所示。

步骤 02 将时间线移至00:00:09:013的位置，如图16-29所示。

图16-28　添加音乐文件

图16-29　移动时间线的位置

步骤 03 选择音频素材，选择音乐轨中的素材，并选择"编辑"|"分割素材"命令，如图16-30所示。

步骤 04 执行操作后，即可分割素材，将分割后的音频素材进行删除，留下剪辑后的音频素材，如图16-31所示。

图16-30　选择"分割素材"命令

图16-31　将音频素材进行删除

步骤 05 使用同样的方法,将"媒体"素材库中的
"静谧.mp3"音频文件拖曳至音乐轨中
的时间线位置,并对音频素材进行剪辑操
作,打开"音乐和声音"选项面板,在其
中单击"淡出"按钮,如图16-32所示,
设置音频淡出特效,设置完成后,单击导
览面板中的"播放"按钮,预览视频效果
并试听音频效果。

图16-32 单击"淡出"按钮

16.3.2 渲染输出旅游视频

完成前面的操作后,可以将所制作的视频输出。下面介绍将制作的视频进行渲染与输出的
操作方法。

扫描二维码 获取文件资源	素材文件	无
	效果文件	效果\第16章\旅游记录——《欧洲之行》.VSP、旅游记录—— 《欧洲之行》.mpg
	视频文件	视频\第16章\16.3.2 渲染输出旅游视频.mp4

步骤 01 切换至"共享"步骤面板,在其中选择MPEG-2选项,在"配置文件"右侧的下拉列
表中选择相应的输出选项,如图16-33所示。

步骤 02 在下方面板中单击"文件位置"右侧的"浏览"按钮,如图16-34所示。

图16-33 选择相应的输出选项

图16-34 单击"浏览"按钮

步骤 03 弹出"浏览"对话框,在其中设置文件的保存位置和名称,如图16-35所示。

步骤 04 单击"保存"按钮,返回会声会影"共享"步骤面板,单击"开始"按钮,开始渲染视
频文件,并显示渲染进度,如图16-36所示。渲染完成后,即可完成影片文件的输出。

图16-35 设置保存位置和名称

图16-36 显示渲染进度

第17章

老年相册——《快乐时光》

学习提示

　　老年时期是一生中享受生活的快乐时光。外出旅游对老年人来说是有意义的事情，很多人会用相机记录下这些美好的时刻，通过会声会影后期处理拍摄的影片，可使影片更具珍藏价值。本章主要介绍老年相册——《快乐时光》的制作方法。

🗑 CLEAR　　⬆ SUBMIT

本章重点导航

- 17.2.1　导入老年视频素材
- 17.2.2　制作老年视频片头动画
- 17.2.3　制作视频摇动效果
- 17.2.4　制作视频转场特效
- 17.2.5　制作视频片尾特效
- 17.2.6　制作覆叠边框特效
- 17.2.7　输出标题字幕动画
- 17.3.1　制作视频背景音乐
- 17.3.2　输出老年相册视频

🗑 CLEAR　　⬆ SUBMIT

17.1 实例分析

在会声会影中,用户可以将摄影师拍摄的各种照片巧妙地组合在一起,并为其添加各种摇动效果、字幕效果、背景音乐,并为其制作画中画特效。在制作老年相册——《快乐时光》视频效果之前,首先预览项目效果,并掌握项目技术提炼等内容。

17.1.1 实例效果欣赏

本实例制作的是老年相册——《快乐时光》,效果如图17-1所示。

图17-1　老年相册——《快乐时光》效果欣赏

17.1.2 实例技术点睛

首先进入会声会影编辑器,添加老年视频素材,为素材添加摇动效果,在各素材之间添加转场效果,然后制作片头动画、边框效果以及标题字幕动画,最后添加背景音乐特效,并将影片渲染输出。

17.2 制作视频效果

本节主要介绍《快乐时光》视频文件的制作过程,如导入老年视频素材、制作老年视频片头动画、制作视频摇动效果、制作视频转场特效等内容,希望读者可以熟练掌握老年相册视频的各种制作方法。

17.2.1 导入老年视频素材

在制作视频效果之前,首先需要导入相应的老年视频素材,导入素材后才能对其进行相应编辑。下面介绍导入老年视频素材的操作方法。

扫描二维码 获取文件资源	素材文件	素材\"第17章"文件夹
	效果文件	无
	视频文件	视频\第17章\17.2.1　导入老年视频素材.mp4

步骤 01　在界面左上角单击"媒体"按钮，切换至"媒体"素材库，如图17-2所示。

步骤 02　在库导航面板中单击"添加"按钮，新增一个"文件夹"选项，如图17-3所示。

图17-2　单击"媒体"按钮

图17-3　新增"文件夹"选项

步骤 03　在菜单栏中选择"文件"｜"将媒体文件插入到素材库"｜"插入视频"命令，如图17-4所示。

步骤 04　弹出"浏览视频"对话框，在其中选择需要导入的视频素材，如图17-5所示。

图17-4　选择"插入视频"命令

图17-5　选择需要导入的视频素材

步骤 05　单击"打开"按钮，即可将视频素材导入新建的选项卡中，如图17-6所示。

步骤 06　在"媒体"素材库中，选择"文件夹"选项，在右侧的空白位置单击鼠标右键，在弹出的快捷菜单中选择"插入媒体文件"命令，如图17-7所示。

图17-6　将视频素材导入新建的选项卡中

步骤 07　弹出"浏览媒体文件"对话框，在其中选择需要插入的素材文件，单击"打开"按钮，即可将素材导入"文件夹"选项卡中，如图17-8所示，在其中用户可查看导入的素材文件。

图17-7　选择"插入媒体文件"命令　　　　图17-8　导入媒体文件

步骤 08 在素材库中选择相应的照片素材，在预览窗口中可以预览导入的照片素材画面效果，如图17-9所示。

图17-9　预览导入的照片素材画面效果

17.2.2 ║制作老年视频片头动画

在编辑视频过程中，片头动画在影片中起着不可代替的地位，片头动画的美观程度决定着是否能够吸引观看者的眼球。下面介绍制作老年视频片头动画的操作方法。

扫描二维码 获取文件资源	素材文件	无
	效果文件	无
	视频文件	视频\第17章\17.2.2　制作老年视频片头动画.mp4

步骤 01 在"媒体"素材库的"文件夹"选项卡中，选择视频素材"14.wmv"，按住鼠标左键并拖曳至视频轨的开始位置，如图17-10所示。

步骤 02 在"编辑"选项面板中，调整素材的区间为0:00:08:000，如图17-11所示，并适当调整素材大小。

图17-10 拖曳至视频轨开始位置

图17-11 调整素材区间

步骤 03 单击"图形"按钮，切换至"图形"素材库，在其中选择黑色色块，如图17-12所示。

步骤 04 在选择的黑色色块上，按住鼠标左键并拖曳至视频轨中的结束位置，添加黑色色块素材，如图17-13所示。

图17-12 选择黑色色块

图17-13 添加黑色色块

步骤 05 选择添加的黑色色块素材，打开"颜色"选项面板，在其中设置"色彩区间"为0:00:01:000，如图17-14所示。

步骤 06 按【Enter】键确认，即可更改黑色色块的区间长度为1秒，如图17-15所示。

图17-14 设置色彩区间

图17-15 更改黑色色块的区间

步骤 07 在"媒体"素材库中，选择照片素材"1.jpg"，如图17-16所示。

步骤 08 在选择的照片素材上，按住鼠标左键并将其拖曳至覆叠轨的开始位置，如图17-17所示。

图17-16　选择照片素材

图17-17　拖曳至覆叠轨的开始位置

步骤 09　打开"编辑"选项面板，设置"照片区间"为0:00:05:013，如图17-18所示。

步骤 10　选中"应用摇动和缩放"复选框，在下方的列表框中选择第1行第2个摇动缩放样式，如图17-19所示。

图17-18　设置照片区间

图17-19　选择摇动缩放样式

步骤 11　在"属性"选项面板中单击"遮罩和色度键"按钮，弹出相应面板，在其中选中"应用覆叠选项"复选框，设置"类型"为"遮罩帧"，在右侧的下拉列表框中选择第8行第1个遮罩样式，如图17-20所示。

步骤 12　执行上述操作后，在预览窗口中调整覆叠素材的大小和位置，单击导览面板中的"播放"按钮，预览片头动画效果，如图17-21所示。

图17-20　选择相应遮罩样式

图17-21　预览片头动画效果

专家指点　在素材库中，如果用户创建了不需要的库项目，此时可以对库项目进行删除操作。删除库项目的方法很简单，用户只需选择需要删除的库项目，单击鼠标右键，在弹出的快捷菜单中选择"删除"命令，即可删除不需要的库项目。

◀ ‖ 17.2.3 ‖ 制作视频摇动效果 ▶

　　在会声会影2019中，将素材文件导入编辑器后，将其制作成视频画面时，可以为素材添加摇动效果，使视频内容更具吸引力。下面介绍制作视频摇动效果的操作方法。

扫描二维码 获取文件资源	素材文件	无
	效果文件	无
	视频文件	视频\第17章\17.2.3　制作视频摇动效果.mp4

🔍**步骤 01** 在"文件夹"选项卡中选择图像素材"2.jpg"，按住鼠标左键并拖曳至视频轨的适当位置，即可添加图像素材，如图17-22所示。

🔍**步骤 02** 在"编辑"选项面板中，设置素材"区间"为0:00:06:000，如图17-23所示。

图17-22　添加图像素材　　　　　　　　图17-23　设置素材区间

🔍**步骤 03** 使用同样的方法，在视频轨中添加"3.jpg"至"11.jpg"素材图像，并设置所有图像素材区间为0:00:06:00，添加完成后，切换至故事板视图，可以查看制作的视频画面效果，如图17-24所示。

图17-24　查看视频效果

🔍**步骤 04** 切换至时间轴视图，选择"2.jpg"图像素材，如图17-25所示。

🔍**步骤 05** 打开"照片"选项面板，在其中选中"摇动和缩放"单选按钮，单击"自定义"左侧的下拉按钮，在弹出的列表框中选择第1行第2个摇动缩放样式，如图17-26所示。

图17-25　选择图像素材　　　　　　　　图17-26　选择预设样式

> **步骤 06** 使用同样的方法，为其他图像素材添加摇动缩放效果，时间轴面板效果如图17-27所示。单击导览面板中的"播放"按钮，即可预览制作的视频摇动效果。

图17-27　时间轴面板效果

◀ 17.2.4 ‖ 制作视频转场特效 ▶

在会声会影2019中，可以在各素材之间添加转场效果，制作自然过渡效果。下面介绍制作视频转场效果的操作方法。

扫描二维码 获取文件资源	素材文件	无
	效果文件	无
	视频文件	视频\第17章\17.2.4　制作视频转场特效.mp4

> **步骤 01** 单击"转场"按钮，切换至"转场"素材库，单击窗口上方的"画廊"按钮，在弹出的列表框中选择"三维"选项，如图17-28所示。

> **步骤 02** 打开"三维"转场素材库，在其中选择"对开门"转场效果，如图17-29所示。

图17-28　选择"三维"选项

图17-29　选择"对开门"转场效果

> **步骤 03** 按住鼠标左键并拖曳至"2.jpg"与"3.jpg"之间添加"对开门"转场效果，如图17-30所示。

> **步骤 04** 使用同样的方法，在"3.jpg"与"4.jpg"之间添加"溶解"转场效果，如图17-31所示。

> **步骤 05** 使用同样的方法，在其他各素材之间添加相应转场效果，单击导览面板中的"播放"按钮，预览制作的视频转场效果，如图17-32所示。

图17-30 添加"对开门"转场效果　　　　图17-31 添加"溶解"转场效果

图17-32 预览视频转场效果

> **专家指点**
>
> 在添加的转场效果上双击鼠标左键，即可打开"转场"选项面板，在其中可以设置转场效果的相关属性，包括区间、边框以及色彩等。

17.2.5 ‖ 制作视频片尾特效

　　在会声会影2019中，制作完视频转场效果后，接下来可以为影片文件添加片尾动画效果。下面介绍制作老年相册片尾动画的操作方法。

扫描二维码 获取文件资源	素材文件	无
	效果文件	无
	视频文件	视频\第17章\17.2.5 制作视频片尾特效.mp4

🔍**步骤 01** 在时间轴面板中，将时间线移至视频轨中00:00:59:024的位置，如图17-33所示。

步骤 02 在"文件夹"选项卡中选择"15.wmv"视频素材,如图17-34所示。

图17-33 移动时间线

图17-34 选择照片素材

步骤 03 按住鼠标左键并拖曳至视频轨中的时间线位置,调整视频素材的区间为0:00:06:000,如图17-35所示,并适当调整素材大小。

步骤 04 单击"转场"按钮,切换至"转场"素材库,单击窗口上方的"画廊"按钮,在弹出的列表框中选择"旋转"选项,在素材库中选择"铰链"转场效果,在"11.jpg"与"15.wmv"之间添加"铰链"转场效果,如图17-36所示。

图17-35 设置素材区间

图17-36 添加"铰链"转场效果

步骤 05 将时间线移至00:01:01:000的位置,在"文件夹"选项卡中选择"12.jpg"图像素材,按住鼠标左键并拖曳至视频覆叠中的时间线位置,调整覆叠素材的区间为0:00:04:000,如图17-37所示,并在预览窗口中适当调整素材大小和位置。

步骤 06 单击"转场"按钮,打开"过滤"素材库,在素材库中选择"交叉淡化"转场效果,在覆叠素材前添加"交叉淡化"转场效果,时间轴如图17-38所示。

图17-37 设置素材区间

图17-38 添加"交叉淡化"转场效果

步骤 07 在"效果"选项面板中单击"遮罩和色度键"按钮,弹出相应面板,在其中选中"应用覆叠选项"复选框,设置"类型"为"遮罩帧",在右侧的下拉列表框中选择第7行第3个遮罩样式,如图17-39所示。

步骤 08 执行上述操作后,在预览窗口中调整覆叠素材的大小和位置,单击导览面板中的"播放"按钮,预览老年片尾动画效果,如图17-40所示。

图17-39 选择遮罩样式

图17-40 预览老年片尾动画效果

专家指点

在排序素材时,有"按名称排序""按类型排序"以及"按日期排序"等多种排序方式,用户可以根据习惯选择不同的排序方式。

◀ 17.2.6 ‖ 制作覆叠边框特效 ▶

在编辑视频过程中,为素材添加相应的边框效果,可以使制作的视频内容更加丰富,起到美化视频的作用。下面向读者介绍制作视频边框动画的方法。

扫描二维码 获取文件资源	素材文件	无
	效果文件	无
	视频文件	视频\第17章\17.2.6 制作覆叠边框特效.mp4

步骤 01 在时间轴面板中,将时间线移至00:00:08:000的位置,如图17-41所示。

步骤 02 进入"媒体"素材库,在素材库中选择"13.png"图像素材,在选择的素材上按住鼠标左键并将其拖曳至覆叠轨中的时间线位置,如图17-42所示。

图17-41 移动时间线的位置

图17-42 拖曳至覆叠轨中

🔍 **步骤 03** 在"编辑"选项面板中，设置边框素材的"照片区间"为0:00:49:024，更改覆盖素材的区间长度，如图17-43所示。

🔍 **步骤 04** 执行操作后，即可在预览窗口中调整边框素材大小，如图17-44所示。

图17-43 设置边框素材的"照片区间"

图17-44 适当调整素材大小

🔍 **步骤 05** 在导览面板中单击"播放"按钮，预览边框素材装饰效果，如图17-45所示。

图17-45 预览边框素材装饰效果

◀ 17.2.7 ‖ 制作标题字幕动画 ▶

在会声会影2019中，可以为影片添加标题字幕，制作标题字幕动画效果。下面向读者介绍制作标题字幕动画的方法。

扫描二维码获取文件资源	素材文件	无
	效果文件	无
	视频文件	视频\第17章\17.2.7　制作标题字幕动画.mp4

步骤 01 将时间线移至素材的开始位置，如图17-46所示。

步骤 02 在编辑器中单击"标题"按钮，即可进入"标题"素材库，如图17-47所示。

图17-46　移动时间线的位置

图17-47　进入"标题"素材库

步骤 03 在预览窗口中，显示"双击这里可以添加标题"字样，如图17-48所示。

步骤 04 在预览窗口中双击鼠标左键，输入文本，在"编辑"选项面板中，设置字体为"华康宋体W12(P)"、字体大小为55、字体色彩为绿色，单击"粗体"按钮，设置区间为0:00:05:013，如图17-49所示。

图17-48　显示相应的标题字样

图17-49　设置各选项

步骤 05 单击"边框/阴影/透明度"按钮，弹出相应的对话框，如图17-50所示。

步骤 06 选中"外部边界"复选框，设置"边框宽度"为14.0、"线条色彩"为白色，设置完成后，单击"确定"按钮，如图17-51所示。

图17-50　弹出相应对话框

图17-51　单击"确定"按钮

步骤 07 执行以上操作后,切换至"属性"选项面板,如图17-52所示。

步骤 08 选中"动画"单选按钮和"应用"复选框,设置"选取动画类型"为"飞行",如图17-53所示。

图17-52 切换至"属性"选项面板

图17-53 设置"选取动画类型"

步骤 09 单击"自定义动画属性"按钮,如图17-54所示。

步骤 10 弹出"飞行动画"对话框,在其中设置"暂停"为"自定义",设置完成后,单击"确定"按钮,如图17-55所示。

图17-54 单击"自定义动画属性"按钮

图17-55 单击"确定"按钮

步骤 11 执行以上操作后,在预览窗口中调整标题字幕的位置,如图17-56所示。

步骤 12 单击导览面板中的"播放"按钮,预览片头字幕动画效果,如图17-57所示。

图17-56 调整标题字幕的位置

图17-57 预览字幕效果

步骤 13 将时间线移至00:00:09:000的位置,单击"标题"按钮,在预览窗口中输入文本,在"编辑"选项面板中设置字体为"华康少女文字W5(P)"、字体大小为60、字体色彩为黄色(第4行第1个),单击"粗体"按钮,设置区间为0:00:10:000,如图17-58所示。

步骤 14 单击"边框/阴影/透明度"按钮,弹出相应对话框,切换至"阴影"选项卡,单击

"下垂阴影"按钮，设置X为4.0、Y为4.0、"下垂阴影色彩"为黑色，单击"确定"按钮，如图17-59所示。

图17-58 设置各选项

图17-59 单击"确定"按钮

步骤 15 切换至"属性"面板，选中"动画"单选按钮和"应用"复选框，设置"选取动画类型"为"飞行"，在下方的下拉列表框中选择最后一个飞行样式，如图17-60所示。

步骤 16 在制作的字幕上单击鼠标右键，在弹出的快捷菜单中选择"复制"命令，如图17-61所示。

图17-60 选择相应样式

图17-61 选择"复制"命令

步骤 17 将鼠标指针移至标题轨右侧00:00:19:000位置，此时显示白色色块，单击鼠标左键，即可完成对复制的字幕对象进行粘贴的操作，如图17-62所示。

步骤 18 在预览窗口中，修改文本内容，如图17-63所示。

图17-62 粘贴字幕

图17-63 修改文本内容

步骤 19 切换至"属性"面板，选中"动画"单选按钮和"应用"复选框，设置"选取动画类型"为"翻转"，如图17-64所示。

步骤 20 在下方的下拉列表框中，选择第1行第2个翻转样式，如图17-65所示。

图17-64 设置"选取动画类型" 　　　　　　图17-65 选择相应样式

步骤 21 使用同样的方法，在标题轨中的合适位置对字幕文件进行多次复制粘贴操作，并更改字幕的文本内容和动画样式，时间轴面板中的字幕文件效果如图17-66所示。

图17-66 时间轴面板中的字幕文件效果

步骤 22 制作完成后，单击"播放"按钮，预览字幕动画效果，如图17-67所示。

图17-67 预览字幕动画效果

17.3 　视频后期处理

通过影片的后期处理，不仅可以对原始素材进行合理编辑，而且还可以为影片添加各种音乐及特效，使影片更具珍藏价值。

◀ **17.3.1** ‖ 制作视频背景音乐 ▶

　　在编辑影片的过程中，除了画面以外，声音效果是影片的另一个非常重要的因素。下面向读者介绍制作添加视频背景音乐的操作方法。

扫描二维码 获取文件资源	素材文件	素材\第17章\16.mp3
	效果文件	无
	视频文件	视频\第17章\17.3.1　制作视频背景音乐.mp4

🔍**步骤 01** 　将时间线移至素材的开始位置，在时间轴面板的空白位置单击鼠标右键，在弹出的快捷菜单中选择"插入音频"｜"到音乐轨#1"命令，如图17-68所示。

🔍**步骤 02** 　执行操作后，弹出"打开音频文件"对话框，选择需要导入的背景音乐素材，如图17-69所示。

图17-68　选择相应命令

图17-69　选择音频素材

🔍**步骤 03** 　单击"打开"按钮，即可将需要的背景音乐导入时间轴面板的音乐轨中，如图17-70所示。

🔍**步骤 04** 　将时间线移至00:01:04:024的位置，如图17-71所示。

图17-70　添加背景音乐

图17-71　移动时间线的位置

🔍**步骤 05** 　选择音频素材，单击"编辑"菜单，在弹出的菜单中选择"分割素材"命令，如图17-72所示。

步骤 06 执行上述操作后，即可将音频文件分割成两段素材，如图17-73所示。按【Delete】
键，删除分割后的音频素材。

图17-72 选择"分割素材"命令

图17-73 分割素材

步骤 07 选择剪辑后的音频素材，单击鼠标右键，在弹出的快捷菜单中选择"淡入音频"命
令，如图17-74所示，设置音频淡入特效。

步骤 08 继续在音频素材上单击鼠标右键，在弹出的快捷菜单中选择"淡出音频"命令，如
图17-75所示，设置音频淡出特效。至此，完成音频素材的添加和剪辑操作。

图17-74 选择"淡入音频"命令

图17-75 选择"淡出音频"命令

◀ 17.3.2 输出老年相册视频 ▶

在会声会影2019中，为老年相册视频添加音频特效后，便可以将文件进行渲染输出并分享
了。下面向读者介绍渲染输出老年相册视频的操作方法。

扫描二维码 获取文件资源	素材文件	无
	效果文件	效果\第17章\老年相册——《快乐时光》.VSP、老年相册——《快乐时光》.mpg
	视频文件	视频\第17章\17.3.2 输出老年相册视频.mp4

步骤 01 在会声会影编辑器的上方，单击"共享"标签，切换至"共享"步骤面板，在其中
选择MPEG-2选项，如图17-76所示。

步骤 02 在"配置文件"右侧的下拉列表中，选择第2个选项，如图17-77所示

步骤 03 在下方面板中，单击"文件位置"右侧的"浏览"按钮，如图17-78所示。

图17-76 选择MPEG-2选项　　　　图17-77 选择第2个选项

步骤 04 弹出"浏览"对话框，在其中设置文件的保存位置和名称，单击"保存"按钮，如图17-79所示。

图17-78 单击"浏览"按钮　　　　图17-79 单击"保存"按钮

步骤 05 单击"开始"按钮，开始渲染视频文件，并显示渲染进度，如图17-80所示。

步骤 06 渲染完成后，弹出信息提示框，单击"确定"按钮，即可完成影片文件的渲染输出，如图17-81所示。

图17-80 显示渲染进度　　　　图17-81 单击"确定"按钮

附 录

45个会声会影问题解答

1. 打开会声会影项目文件时，为什么会提示找不到链接，但是素材文件还在，这是为什么呢？

答：这是因为会声会影项目文件路径方式都是绝对路径（只能记忆初始的文件路径），移动素材或者重命名文件，都会使项目文件丢失路径。只要用户不去移动素材或者重命名，是不会出现这个现象的。如果用户移动了素材或者进行了重命名，只需要找到源素材进行重新链接就可以了。

2. 在会声会影2019中，如何在"媒体"素材库中以列表的形式显示图标？

答：在会声会影2019的"媒体"素材库中，软件默认状态下以图标的形式显示各导入的素材文件，如果用户需要以列表的形式显示，此时只需单击界面上方的"列表视图"按钮，即可以列表显示素材。

3. 在会声会影的时间轴面板中，如何添加多个覆叠轨道？

答：只需在覆叠轨图标上单击鼠标右键，在弹出的快捷菜单中选择"轨道管理器"命令，在其中选择需要显示的轨道复选框，然后单击"确定"按钮即可。

4. 如何查看会声会影素材库中的文件在视频轨中是否已经使用了？

答：当用户将素材库中的素材拖曳至视频轨中进行应用后，此时素材库中相应素材的右上角将显示一个对勾符号，表示该素材已经被使用了，可以帮助用户很好地对素材进行管理。

5. 如何添加软件自带的多种图像、视频以及音频媒体素材？

答：在以前的会声会影版本中，软件自带的媒体文件都显示在素材库中，而当用户安装好会声会影2019后，默认状态下，"媒体"素材库中仅显示一小部分的图像或视频文件，此时用户需要启动安装文件中的Autorun.exe应用程序，打开相应面板，在其中单击"赠送内容"超链接，在弹出的列表框中选择"图像素材""音频素材"或"视频素材"后，即可进入相应文件夹，选择素材将其拖曳至媒体素材库中，即可添加软件自带的多种媒体素材。

6. 会声会影2019是否适合Windows 10系统？

答：到目前为止，会声会影2019是完美适配于Windows 10系统的版本，会声会影2019同时也完美兼容Windows 8、Windows 7等系统。

7．**在会声会影2019中，系统默认的图像区间为3秒，这种默认设置能修改吗？**

答：可以修改，只需要选择"设置"|"参数选择"命令，弹出"参数选择"对话框，在"编辑"选项卡的"默认照片/色彩区间"数值框中输入需要设置的数值，单击"确定"按钮，即可更改默认的参数。

8．**当用户在时间轴面板中添加多个轨道和视频文件时，上方的轨道会隐藏下方添加的轨道，只有滚动控制条才能显示预览下方的轨道，此时如何在时间轴面板中显示全部轨道信息呢？**

答：显示全部轨道信息的方法很简单，用户只需单击时间轴面板上方的"显示全部可视化轨道"按钮，即可显示全部轨道。

9．**在会声会影2019中，如何获取软件的更多信息或资源？**

答：用户可以从会声会影官方网站上下载需要的转场、滤镜等效果，然后将下载的效果导入会声会影素材库面板中，再拖曳到视频轨中即可应用。

10．**在会声会影2019中，如何在预览窗口中显示标题安全区域？**

答：只有设置显示标题安全区域，才知道标题字幕是否出界，选择"设置"|"参数选择"命令，弹出"参数选择"对话框，在"预览窗口"选项区中选中"在预览窗口中显示标题安全区域"复选框，即可显示标题安全区域。

11．**在会声会影2019中，为什么在AV连接摄像机时采用会声会影的DV转DVD向导模式时，无法扫描摄像机？**

答：此模式只有在通过DV连接（1394）摄像机以及USB接口的情况下，才能使用。

12．**在会声会影2019中，为什么在DV中采集视频的时候是有声音的，而将视频采集到会声会影界面中后，没有DV视频的背景声音？**

答：有可能是音频输入设置错误。在小喇叭按钮处单击鼠标右键，在弹出的快捷菜单中选择"录音设备"命令，在弹出的"声音"对话框中，调整线路输入的音量，单击"确定"按钮后，即可完成声音设置。

13．**在会声会影2019中，怎样将修整后的视频保存为新的视频文件？**

答：通过菜单栏中的"文件"|"保存修整后的视频"命令，保存修整后的视频，新生成的视频就会显示在素材库中。在制作片头、片尾时，需要的片段可以用这种方法逐段分别生成后再使用。把选定的视频素材文件拖曳至视频轨上，通过渲染，加工输出为新的视频文件。

14．**当用户采集视频时，为何提示"正在进行DV代码转换，按Esc停止"等信息？**

答：这有可能是因为用户的计算机配置过低，例如硬盘转速低、CPU主频低或者内存太小等原因所造成的。还有用户在捕获DV视频时，建议将杀毒软件和防火墙关闭，同时停止所有后台运行的程序，这样可以提高计算机的运行速度。

15．**在会声会影2019中，色度键的功能如何正确应用？**

答：色度键的作用是指抠像技术，主要针对单色（白、蓝等）背景进行抠像操作。用户可以先将需要抠像的视频或图像素材拖曳至覆叠轨上，在选项面板中单击"遮罩和色度键"按钮，在弹出的面板中选中"应用覆叠选项"复选框，然后使用吸管工具在需要采集的单色背景上单击鼠标左键采集颜色，即可进行抠图处理。

16．**在会声会影2019中，为什么刚装好的软件自动音乐功能不能用？**

答：因为Quicktracks音乐必须要有QuickTime软件才能正常运行。所以以用户在安装会声会影软件时，最好先安装最新版本的QuickTime软件，这样安装好会声会影2019后，自动音乐功能就可以使用了！

17．在会声会影2019中选择字幕颜色时，为什么选择的红色有偏色现象？

答：这是因为用户使用了色彩滤镜的原因，用户可以按【F6】键，在弹出的"参数选择"对话框中，进入"编辑"选项卡，在其中取消选择"应用色彩滤镜"复选框，即可消除红色偏色的现象。

18．在会声会影2019中，为什么无法把视频直接拖曳至多相机编辑器视频轨中？

答：在多相机编辑器中，用户不能直接将视频拖曳至多相机编辑器中，只能在需要添加视频的视频轨道上单击鼠标右键，在弹出的快捷菜单中选择"导入源"命令，在弹出的对话框中选择需要导入的视频素材，单击"确定"按钮，即可将视频导入多相机编辑器视频轨中。

19．会声会影如何将两个视频合成一个视频？

答：将两个视频依次导入会声会影2019中的视频轨上，然后切换至"共享"步骤面板，渲染输出后，即可将两个视频合成为一个视频文件。

20．摄像机和会声会影2019之间为什么有时会失去连接？

答：有些摄像机可能会因为长时间无操作而自动关闭。因此常会发生摄像机和会声会影之间失去连接的情况。出现这种情况后，用户只需要重新打开摄像机电源以建立连接即可。无须关闭与重新打开会声会影，因为该程序可以自动检测捕获设备。

21．如何设置覆叠轨上素材的淡入淡出的时间？

答：首先选中覆叠轨中的素材，在选项面板中设置动画的淡入和淡出特效，然后调整导览面板中两个暂停区间的滑块位置，即可调整素材的淡入淡出时间。

22．为什么会声会影无法精确定位时间码？

答：在某个时间码处捕获视频或定位磁带时，会声会影有时可能会无法精确定位时间码，甚至可能导致程序自行关闭。发生这种情况时，用户可能需要关闭程序，或者用户可以通过时间码手动输入需要采集的视频位置进行精确定位。

23．在会声会影2019中，可以调整图像的色彩吗？

答：可以，用户只需选择需要调整的图像素材，在"校正"选项面板中单击"色彩校正"按钮，在弹出的面板中可以自由更改图像的色彩画面。

24．在会声会影2019中，色度键中吸管如何使用？

答：与Photoshop中的吸管工具使用方法相同，用户只需在"遮罩和色度键"选项面板中选中吸管工具，然后在需要吸取的图像颜色位置单击鼠标左键，即可吸取图像颜色。

25．如何利用会声会影2019制作一边是图像一边是文字的放映效果？

答：首先拖曳一张图片素材到视频轨中，播放的视频放在覆叠轨，调整大小和位置；在标题轨中输入需要的文字，调整文字大小和位置，即可制作图文画面特效。

26．在会声会影2019中，为什么无法导入AVI格式文件？

答：可能是因为会声会影不完全支持所有的视频格式编码，所以出现了无法导入AVI格式文件的情况，此时要进行视频格式的转换操作，最好转换为MPG或MP4的视频格式。

27．在会声会影2019中，为什么无法导入RM格式文件？

答：因为会声会影2019并不支持RM、RMVB格式的文件。

28. **在会声会影2019中，为什么有时打不开MP3格式的音乐文件呢？**

答：这有可能因为该文件的位速率较高，用户可以使用转换软件来降低音乐文件的速率，这样就可以顺利地将MP3音频文件导入会声会影中。

29. **MLV文件如何导入会声会影中？**

答：将MLV的扩展名改为MPEG，就可以导入会声会影中进行编辑了。另外，对于某些MPEG1编码的AVI，也是不能导入会声会影的，但是扩展名改成MPG4，就可以解决该类视频的导入问题了。

30. **会声会影在导出视频时自动退出，这是什么情况？**

答：出现此种情况，多数是和第三方解码或编码插件发生冲突造成的，建议用户先卸载第三方解码或编码插件后，再渲染生成视频文件。

31. **会声会影安装完成后，字体太少怎么办？**

答：会声会影中的字体可以根据用户的计算机中的字体文件进行兼容使用，用户可以将本书赠送的字体安装在计算机"文字"设置文件夹中，直接复制粘贴即可默认安装。

32. **会声会影2019的多点运动追踪可以用来做什么？**

答：在以前的会声会影版本中，很多时候只有单点运动追踪，新增的多点运动追踪可以用来制作人物面部马赛克等效果，该功能十分实用。

33. **在制作视频的过程中，如何让视频、歌词、背景音乐进行同步？**

答：用户可以先从网上下载需要的音乐文件，下载后用播放软件进行播放，并关联lrc歌词到本地，然后通过转换软件将歌词转换为会声会影能识别的字幕文件，再插入会声会影中，即可使用。

34. **打不开分屏模板创建器和3D标题编辑器窗口，是什么原因？**

答：这是由于用户安装的会声会影2019版本不完善所导致的，当软件自动下载更新程序后，会弹出提示信息框，提示用户更新，根据提示操作更新软件后重启即可，用户还可以通过菜单栏中的"帮助"|"检查更新"命令来手动更新。

35. **VCD光盘能达到卡拉OK时原唱和无原唱切换吗？**

答：在会声会影2019中，用户可以将歌曲文件分别放在音乐轨和声音轨中，然后将音乐轨中的声音全部调成左边100%、右边0%，声音轨中的声音则反之，然后进行渲染操作，最好生成MPEG格式的视频文件，这样可以在刻录时掌握码率，做出来的视频文件清晰度有所保证。

36. **会声会影2019用压缩方式刻录，会不会影响视频质量？**

答：可能会影响视频质量，使用降低码流的方式可以增加时长，但这样做会降低视频的质量。如果对质量要求较高可以将视频分段，刻录成多张光盘。

37. **打开会声会影软件时，系统提示"无法初始化应用程序，屏幕的分辨率太低，无法播放视频"，这是什么原因呢？**

答：在会声会影2019中，用户只能在大于1024×768的屏幕分辨率下才能运行。

38. **如何区分计算机系统是32位还是64位，以此来选择安装会声会影的版本？**

答：在桌面的"计算机"图标上单击鼠标右键，在弹出的快捷菜单中选择"属性"命令，在打开的"系统"窗口中即可查看计算机的相关属性。需要注意的是，目前会声会影2019仅匹配64位的计算机系统。

39. 有些情况下, 为什么素材之间的转场效果没有显示动画效果?

答: 这是因为用户的计算机没有开启硬件加速功能, 开启的方法很简单, 只需要在桌面上单击鼠标右键, 在弹出的快捷菜单中选择"屏幕分辨率"命令, 并在弹出的对话框中单击"高级设置"按钮, 弹出相应对话框, 单击"疑难解答"选项卡, 再单击"更改设置"按钮, 然后将"硬件加速"右侧的滑块拖曳至最右边即可, 前提是计算机硬件必须支持硬件加速, 否则在更改设置的时候, "更改设置"按钮会变灰, 无法单击。

40. 会声会影可以直接放入没编码的AVI视频文件进行视频编辑吗?

答: 不可以的, 有编码的才可以导入会声会影中, 建议用户先安装相应的AVI格式播放软件或编码器, 然后再使用。

41. 会声会影默认的色块颜色有限, 能否自行修改需要的RGB颜色参数?

答: 可以。用户可以在视频轨中添加一个色块素材, 然后在"色彩"选项面板中单击"色彩选取器"色块, 在弹出的列表框中选择"Corel色彩选取器"选项, 在弹出的对话框中可以自行设置色块的RGB颜色参数。

42. 在会声会影2019中, 可以制作出画面下雪的特效吗?

答: 用户可以在素材上添加"雨点"滤镜, 然后在"雨点"对话框中自定义滤镜的参数值, 即可制作出画面下雪的特效。

43. 在会声会影2019中, 视频画面太暗了, 能否调整视频的亮度?

答: 用户可以在素材上添加"亮度和对比度"滤镜, 然后在"亮度和对比度"对话框中自定义滤镜的参数值, 即可调整视频画面的亮度和对比度。

44. 在会声会影2019中, 即时项目模板太少了, 可否从网上下载然后导入使用?

答: 用户可以从会声会影官方网站上下载需要的即时项目模板, 然后在"即时项目"界面中通过"导入一个项目模板"按钮, 将下载的模板导入会声会影界面中, 然后再拖曳到视频轨中使用。

45. 如何为视频中的Logo添加马赛克效果?

答: 用户可以通过会声会影2019中的"运动追踪"功能, 打开该界面, 单击"设置多点跟踪器"按钮, 然后设置需要使用马赛克的视频Logo标志, 单击"运动跟踪"按钮, 即可对视频中的Logo标志进行马赛克处理。